全国 BIM 应用技能考试培训教材

建筑设计 BIM 应用

中国建设教育协会　组织编写

U0283273

中国建筑工业出版社

图书在版编目(CIP)数据

建筑设计 BIM 应用/中国建设教育协会组织编写. —北京：中
国建筑工业出版社，2019.3
全国 BIM 应用技能考试培训教材
ISBN 978-7-112-23408-0

Ⅰ. ①建…　Ⅱ.①中…　Ⅲ.①建筑设计-计算机辅助设计-应用
软件-技术培训-教材　Ⅳ.①TU201.4

中国版本图书馆 CIP 数据核字(2019)第 041688 号

本书根据《全国 BIM 应用技能考评大纲》编写，是《全国 BIM 应用技能考试培训教材》配套用书之一，全书以建筑设计软件操作应用为主，讲述建模的基本方法、步骤，着重提高应试者 BIM 建模的实际操作能力。教材内容详实，是全国 BIM 应用技能考试必备用书，可供建筑工程、建筑设计、工程管理及相关专业人员参考学习。

责任编辑：李　慧　李　明
责任设计：李志立
责任校对：芦欣甜

全国 BIM 应用技能考试培训教材
建筑设计 BIM 应用
中国建设教育协会　组织编写

*

中国建筑工业出版社出版、发行(北京海淀三里河路 9 号)
各地新华书店、建筑书店经销
北京红光制版公司制版
廊坊市海涛印刷有限公司印刷

*

开本：787×1092 毫米　1/16　印张：12　字数：298 千字
2019 年 4 月第一版　2019 年 4 月第一次印刷
定价：**48.00 元**
ISBN 978-7-112-23408-0
(33292)

前　　言

　　BIM（Building Information Modeling），建筑信息模型，已经成为当前建设领域前沿技术之一，正在推动行业工作方式的变革。BIM 技术引入国内设计领域后，被视为设计行业"甩图板"之后的又一次革命，引起了社会各界的高度关注，在短短的时间内被应用于大量的工程项目进行技术实践。中国建设教育协会本着更好地服务于社会的宗旨，适时开展全国 BIM 应用技能培训与考评工作。为了对该技能培训提供科学、规范的依据，组织了国内有关专家，编写了《建筑设计 BIM 应用》一书。在编撰过程中，编写人员遵循《全国 BIM 应用技能考评大纲》中的原则，对 BIM 设计流程组织与实践的整体描述以及对 BIM 建筑设计中应用点的总结为设计企业的设计师与管理者提供了解决方案与操作指导。

　　本书以设计流程为主线进行论述，共 7 章，分别为建筑设计概论、BIM 在方案阶段的应用、BIM 在初步设计中的应用、BIM 在施工图设计阶段的应用、BIM 模型整合与协同、可视化分析与表现、参数族制作。其中 1、2、3、6、7 章由河北工业职业技术学院史瑞英副教授编写，4、5 章由宜时（北京）科技有限公司乔晓盼工程师编写，其中北京晶奥科技有限公司张贺、张磊工程师参与了部分编写与提出了许多建设性的意见。史瑞英、乔晓盼为本书主编，张贺、张磊为本书副主编。重庆科技学院廖小烽参与本书审核工作。

　　本书可用作本科、高职院校建筑工程、建筑设计、工程管理及相关专业学生和专业技术人员参加 BIM 应用技能考试的必备用书。

　　在本书编写过程中，虽然经作者反复推敲核证，仍难免存在疏漏之处，恳请广大读者提出宝贵意见。

目　　录

第 1 章 建 筑 设 计 概 论

通常所说的建筑设计（Architectural Design）是指建筑物在建造之前，设计者按照建设任务，把施工过程和使用过程中所存在的或可能发生的问题，事先作好通盘的设想，拟定好解决这些问题的办法、方案，用图纸和文件表达出来。

1.1 建筑设计的内容与基本原则

1.1.1 建筑设计的内容和特点

房屋的设计工作，通常包括建筑设计、结构设计、设备设计三部分。

建筑设计的内容具体如下：

1. 建筑空间环境的造型设计

（1）建筑总平面设计，主要是根据建筑物的性质和规模，结合基地条件和环境特点，以及城市规划的要求，来确定建筑物或建筑群的位置和布局，规划用地内的绿化、道路和出入口，以及布置其他设施，使建筑总体满足使用要求和艺术要求。

（2）建筑平面设计，主要根据建筑的空间组成及使用要求，结合自然条件、经济条件和技术条件，来确定各个房间的大小和形状，确定房间与房间之间、室内与室外空间之间的分隔联系方式，进行平面布局，使建筑的平面组合满足实用、安全、经济、美观和结构合理的要求。

（3）建筑剖面设计，主要根据功能和使用要求，结合建筑结构和构造特点，来确定房间各部分高度和空间比例，进行垂直方向空间的组合和利用，选择适当的剖面形式，并进行垂直方向的交通和采光、通风等方面的设计。

（4）建筑立面设计，主要根据建筑的性质和内容，结合材料、结构和周围环境特点，综合地解决建筑的体形组合、立面构图和装饰处理，以创造良好的建筑形象，满足人们的审美要求。

2. 细部构造做法设计

构造设计主要是研究房屋的构造组成，如墙体、楼地层、楼梯、屋顶、门窗等，并确定这些构造组成所采用的材料和组合方式，以解决建筑的功能、技术、经济和美观等问题。构造设计应绘制很多详图，有时也采用标准构配件设计图或标准制品。

房屋的空间环境造型设计中，总平面以及平面、剖面、立面各部分是一个综合思考过程，而不是相互孤立的设计步骤。空间环境的造型设计和构造设计，虽然设计内容不同，但目的和要求却是一致的，所以设计时也应综合起来考虑。

1.1.2　建筑设计的基本原则

建筑设计是一项政策性和技术性很强、内容非常广泛的综合性工作，同时也是艺术性很强的一项创造。因此，建筑设计应遵循以下基本原则：

(1) 坚决贯彻国家的有关方针政策，遵守有关的法规、规范和条例。

(2) 结合地形与环境，满足城市规划的要求。

(3) 结合建筑的功能和使用要求，创造良好的空间环境，以满足人们生产、生活和文化等各种活动的需要。

(4) 考虑防火、抗震、防空、防洪等措施，保障人民生命财产的安全，并做好无障碍设计，创造众多的便利条件。

(5) 考虑建筑的内外形式，创造良好的建筑形象，以满足人们的审美要求。

(6) 考虑材料、结构与设备布置的可能性与合理性，妥善解决建筑功能和艺术要求与技术之间的矛盾。

(7) 考虑经济条件，创造良好的经济效益、社会效益和环境效益，并适当考虑远近期目标相结合。

(8) 结合施工技术问题，为施工创造有利条件，并促进建筑工业化。

1.2　建筑设计程序与设计阶段的划分

根据我国基本建设的程序，建造一幢房屋，通常需要以下几个环节。

(1) 建设项目的拟定，建设计划的编制与审批。

(2) 基地的选定，勘察与征用。

(3) 建筑设计。

(4) 建筑施工。

(5) 设备安装。

(6) 竣工验收与交付使用。

建筑师的工作包括参加建设项目的决策，编制各设计阶段的设计文件，配合施工并参与竣工验收。其中最主要的工作是设计前期的准备与各阶段的具体设计。

1.2.1　设计前期的准备工作

1. 接受任务，核实并熟悉设计任务的必要文件

(1) 建设单位的立项报告，上级主管部门对建设项目的批准文件，包括建设项目的使用要求、建筑面积、单方造价和总投资等。

(2) 城市建设部门同意设计的批复，批文必须明确指出用地范围（即在地形图上画出建筑红线），以及城市规划、周围环境对建筑设计的要求。

(3) 工程勘察报告以及设计合同。

2. 结合任务，学习有关方针政策和设计规范

这些政策文件包括有关的定额指标、设计规范等，它们是树立正确的设计思想，掌握好设计规范，提高设计质量的重要保证。

3. 根据设计任务的要求，积极做好资料和调查研究工作

（1）收集有关的原始数据和设计资料

收集自然条件与环境条件中的数据以及地形图、现状图、规划文件、地质勘探报告，以及同类建筑设计的论文、总结与设计手册等。

（2）调查研究

① 走访建设单位及其主管部门，对使用要求、建设标准等进行调查。

② 走访材料供应商和施工企业，对材料供应情况、施工条件和施工水平等进行调查。

③ 现场踏勘，核对地形图与现状图，了解历史沿革与现状中存在的有利和不利因素，并可以初拟建筑物位置与总平面布局。

调查研究应注意去粗取精，去伪存真，进行分析归纳，找出设计中要解决的主要矛盾和问题。

1.2.2　设计阶段划分及各阶段的设计成果

为了保证设计质量，避免发生差错和返工，建筑设计应循序渐进，逐步深入，分阶段进行，建筑设计通常分为初步设计、技术设计、施工图设计三个阶段，对规模较小、比较简单的工程，也可以把前两个阶段合并，采取初步设计和施工图设计两个阶段。

1）初步设计

初步设计又称方案设计，侧重于建筑的内外空间组合设计，设计成果包括总平面图，各层平面图、立面图和剖面图以及必要的效果图、预算书和建筑设计说明书等。

2）技术设计

技术设计在已批准同意的建筑设计方案基础上进行。除进行建筑设计外，同时还要进行结构设备等工种技术设计。其成果包括总平面图，各层平、立、剖面图，重要构造详图，投资概算与主要工料分析，设计说明等。

3）施工图设计

施工图在已批准同意的技术设计基础上进行，施工图是提供给施工单位作为施工的依据，所以必须正确和详尽。其成果包括总平面图，各层平、立、剖面图，屋顶平面图，各节点详图，它们都应有详尽的尺寸和施工说明。施工图的设计说明也应详尽具体，把图样中未能充分表达的内容交代清楚。建筑结构与建筑设备各工种设计成果也包括基本图、详图、设计说明等内容。此外，施工图阶段还应做出设计预算。

1.3　BIM 技术在建筑设计中的作用与价值

BIM 在建筑设计阶段的应用是目前最为广泛的，同时也是技术应用的关键阶段，在这个阶段将决策整个项目实施方案，确定整个项目信息的组成，对工程招标、设备采购、施工管理、运维等后续阶段具有决定性影响。BIM 设计的实施价值在于：在设计模式方面，实现了更加精密的协同设计，信息共享，提高了工作效率；在设计成果方面，实现了智能化的控制。

1. 工作模式变革

BIM 不仅仅是一项技术变革，也引发了工作模式和流程上的变革。传统的设计方式为串行的"抛墙式"设计，各专业图纸之间产生大量的错漏碰缺，效率低下。BIM 设计采用的是集成化的协同模式，所有的专业团队在一个平台上基于建筑信息化模型采用一对一的信息交流方式，这样提高了图纸的准确性与设计建造效率（如图 1-1 所示）。

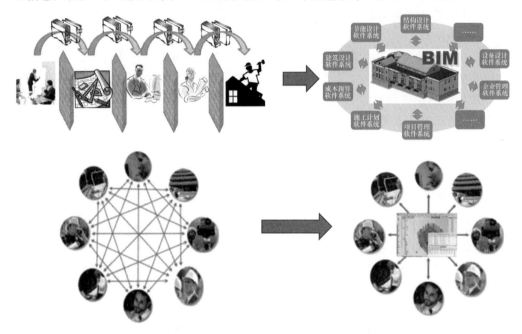

图 1-1　传统设计、沟通方式与 BIM 设计、沟通方式对比

注：图片来源于上海会议马智亮与李云贵专家的 PPT 文件

2. 设计成果的智能控制

BIM 技术是将相对独立的图纸整合为一个信息模型，通过模型输出设计成果，并且项目中所包含的信息也存储到与模型相关联的中央数据库中，为项目参与各方的交流与协作提供了便利，使项目在整合与协作方面得以提升（如图 1-2 所示）。

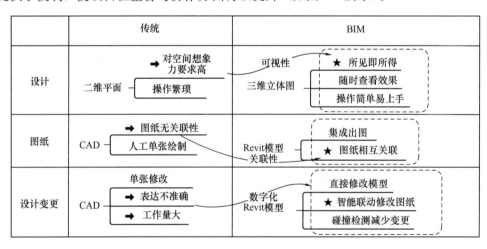

图 1-2　传统设计与 BIM 设计对比

（1）可视化设计：基于三维建模平台创建 BIM 模型，为各专业设计师提供了直观的可视化显示，快速准确地查找图纸中的"错、漏、碰、缺"，提高设计效率，与非专业人士沟通时，能直观地显示设计成果。

（2）数字化分析设计：在项目的可行性研究阶段，利用 BIM 技术所建立的模型进行负荷计算、声学效果、保温效果、通风效果、照明效果模拟分析，其结果可作为调整方案设计的参考依据。

（3）信息化设计：传统的二维设计技术提供的仅仅是一种基于图纸的信息表达方式，而 BIM 系统提供的是统一的信息化模型表达方式，包含了物体的几何信息和物理信息、力学参数、设计属性、价格参数等。

（4）参数化设计：是目前新兴的设计方法的抽象描述，它包括生成设计、算法几何、关联性模型等核心概念。对于一些异形建筑，其设计形体往往非常复杂，涉及很多自由曲面的变化，仅仅借助于传统的工作方法，很难高效准确地完成设计图纸。运用 BIM 设计平台，可以对这些复杂的几何变化进行理性的分析和设定，包括从几何学的角度对建筑的平面及三维空间生成进行准确的定义和呈现。

（5）协同设计：通过 BIM 模型和准确的数据直接对项目进行施工模拟，碰撞检查等操作，生成协调数据，提供解决方案，便于项目各方协调合作无障碍。例如设备专业管线布置与结构碰撞，水暖电各专业之间的管线冲突，结构以及设备专业的设计影响到了建筑专业的空间使用和展示效果等问题。这样既提高了图纸的准确性，也提高了设计建造的效率。

第2章 BIM 在方案阶段的应用

2.1 概述

建筑方案设计是整个设计工作的前奏，是一个从无到有的创意设计过程，讲的是思维的随意性与连续性。

BIM 技术的可视化、构件化、参数化等特点，提供了"所见即所得"的虚拟建筑体验，更全面地把握设计方案的合理性（如图 2-1 所示）。

图 2-1 BIM 设计阶段—与业主的沟通

注：图片来源于上海会议李云贵专家的 PPT 文件

方案设计阶段 BIM 应用主要包括概念设计、场地规划和方案比选。

2.2 概念设计

概念设计是利用设计概念由分析业主需求到生成概念产品的一系列有序的、可组织的、有目标的设计活动，它表现为一个由粗到精、由模糊到清晰、由抽象到具体的不断进化的过程。

2.2.1 Revit 软件创建构件

在概念设计阶段，设计师往往从概念体块开始建模，逐步细化，体型敲定后再用建筑构件去搭建模型（如图 2-2 所示）。在主流的 BIM 设计软件中，Revit 软件在提供了具有

"概念体量"板块功能，在体量环境中使用参照点和轴网线在填充图案轴网上绘制、拉伸、融合体量模型，然后载入到项目环境，用"体量楼层"命令，可以根据已经定义的标高使用体量楼层划分体量。对于各个体量楼层，软件会计算楼层面积、外表面积、体积和周长。该信息可以存储在体量楼层的实例属性中，也可以包含在明细表与标记中。

下面以一个"体量组合"为例（如图 2-3 所示），介绍一下体量的创建过程。其要求具体如下：

创建一个参数化模型，名称为"体量组合"。将体量载入到项目中，创建基本墙，常规 200mm。创建楼板，常规 150mm，左边矩行 4 层，右边球体 10 层，层高 4.5m。

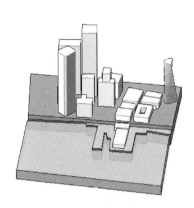

图 2-2　概念体量模型组合

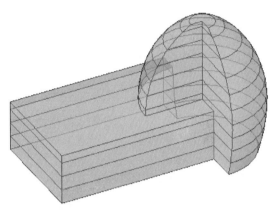

图 2-3　体量组合

1. 体量样板文件设置

单击应用程序菜单下拉按钮 ，选择"新建"→"概念体量"命令，如图 2-4 所示。

弹出"新概念体量－选择样板文件"对话框，如图 2-5 所示。选择"公制体量 . rft"，单击"打开"。

图 2-4　新建"概念体量"

2. 创建"体量组合"形状

选择"项目浏览器"→"楼层平面"→"标高 1"，进入平面视图。

选择"创建"选项卡→"参照"面板→"直线 "命令，绘制参照平面，长边间距为 60000，短边间距为 32000，如图 2-6 所示。

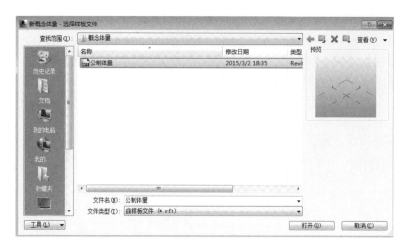

图 2-5　选择"公制体量 . rft"

选择"创建"选项卡→"绘制"面板→"长方形 ▭"命令，绘制轮廓一个长方形，长边为 60000，短边为 32000，如图 2-7 所示。

图 2-6　绘制参照平面

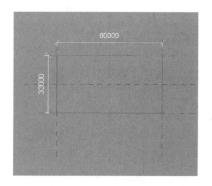

图 2-7　绘制长方形轮廓

选中刚刚所创建的长方形轮廓，选择"修改│线"选项卡→"形状"面板→"创建形状"→"实心形状 ⬛ 实心形状"命令，创建一个长方体，如图 2-8 所示。

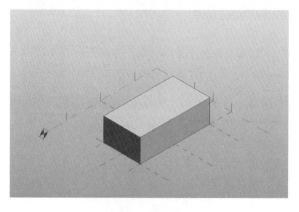

图 2-8　创建长方体

单击长方体上表面，显示长方体高度数值，点击修改为 18000，如图 2-9 所示。

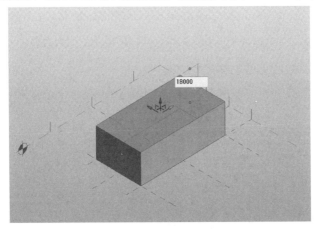

图 2-9　修改长方体高度数值

点击左上角 ![icon]，选择"另存为"→"族"命令，将文件命名为"长方体"保存。

单击应用程序菜单下拉按钮 ![icon]，选择"新建"→"族"命令，如图 2-10 所示。

弹出"新建族-选择样板文件"对话框，如图 2-11 所示。选择"公制常规模型.rft"，单击"打开"。

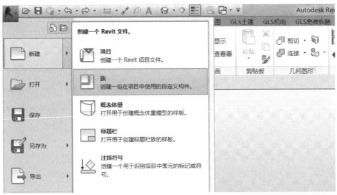

图 2-10　新建"族"命令

图 2-11　选择"公制常规模型.rft"

选择"项目浏览器"→"立面"→"前",进入到前立面视图。

选择"创建"选项卡→"形状"面板→"旋转"命令，选择"修改 | 创建旋转"选项卡→"绘制"面板→"边界线"面板→"椭圆"命令，绘制轮廓一个椭圆，长半轴为45000，短半轴为20000，如图 2-12 所示。

选择"创建"选项卡→"修改"面板→"修剪"命令，把椭圆修剪为如图 2-13 所示。

图 2-12　绘制椭圆形轮廓

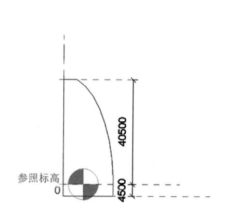

图 2-13　创建"修剪"命令

选择"修改 | 创建旋转"选项卡→"绘制"面板→"轴线"面板→"直线"命令，绘制旋转轴，选择"修改 | 创建旋转"选项卡→"模式"面板→"完成编辑模式"命令，完成模型创建，如图 2-14 所示。

图 2-14　完成模型创建

选择"项目浏览器"→"楼层平面"→"参照标高"，进入到参照标高视图。

选择"创建"选项卡→"形状"面板→"空心形状"面板→"空心拉伸"命令，选择"修改 | 创建空心拉伸"选项卡→"绘制"面板→"矩形"命令，绘制一个空心矩形，如图 2-15 所示。

选择"修改 | 创建空心形状"选项卡→"模式"面板→"完成编辑模式"命令，完成模型创建，调整空心矩形高度，使其包络半椭球体，如图 2-16 所示。单击空白处，完成剪切，如图 2-17 所示。

点击左上角，选择"另存为"→"族"命令，将文件命名为"半椭球体"保存。

打开族"长方体"，选择"插入"选项卡→"从库中载入"面板→"载入族"命令，载入族"半椭球体"如图 2-18 所示。

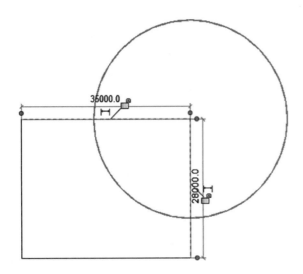

图 2-15　绘制空心矩形

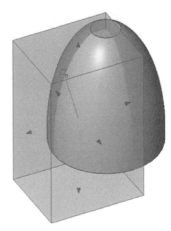

图 2-16　空心矩形包络半椭球体

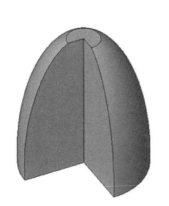

图 2-17　完成剪切

图 2-18　载入族"半椭球体"

选择"创建"选项卡→"模型"面板→"构件[图标]"面板→"[图标] 放置构件"命令，放置刚刚载入的族"半椭球体"，如图 2-19 所示。选择"创建"选项卡→"修改"面板→"移动[图标]"命令，将"半椭球体"移动至合适位置，如图 2-20 所示。

选择"修改"选项卡→"几何图形"面板→"剪切"面板→"剪切几何图形[图标] 剪切几何图形"命令，先点击"长方体"，再点击"半椭球体"，完成剪切。如图 2-21 所示。

点击左上角[图标]，选择"另存为"→"族"命令，将文件命名为"体量组合"保存。

3. 创建"体量组合"楼板

新建一个新的项目，选择"插入"面板→"从库中载入"→"载入族"命令，将刚刚创建的"体量组合"载入。

选择"建筑"→"构建"面板→"[图标] 构件"→"[图标] 放置构件"命令，选择刚刚载入的"体量组合"放置在视图中。

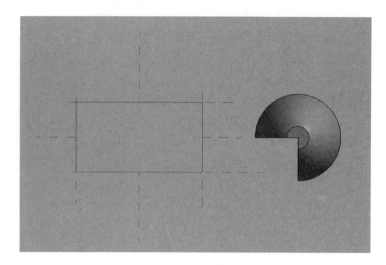

图 2-19　体量载入

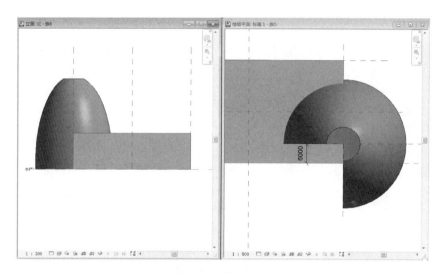

图 2-20　放置构件

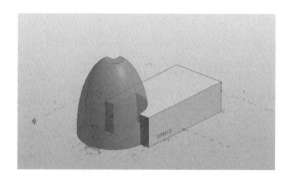

图 2-21　剪切"半椭球体"

　　若视图中无法看见刚刚放置的体量，并出现如图 2-22 所示警告，使用快捷键"vv"调出"视图可见性"面板，如图 2-23 所示，"可见性对话框"中勾选"⊞ ☑ **体量**"，单击"应用""确定"按钮，此时平面中就可以显示刚刚放置的体量组合模型。

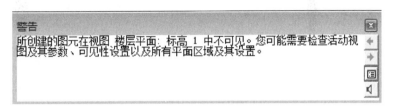

图 2-22　警告提示

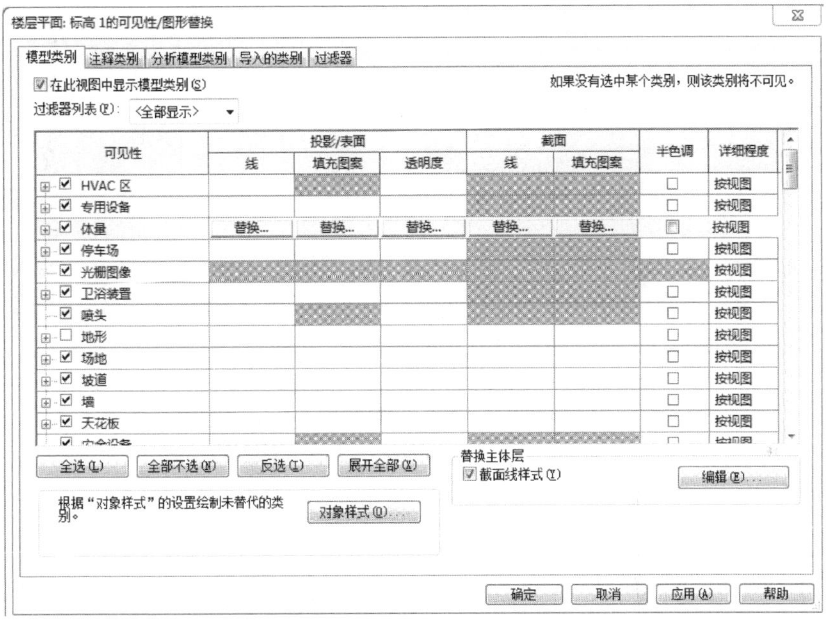

图 2-23　"视图可见性"面板

　　选择"项目浏览器"→"立面"→"南"，把视图切换到南立面，绘制标高，依据要求层高 4.5m，共 10 层，若体量底部不在 0 标高上，用移动工具将其移动至 0 标高，如图 2-24 所示。

　　把视图切换到三维视图中，选中"体量组合"，选择"修改/体量"→"模型"→"体量楼层"命令，勾选全部标高，如图 2-25 所示。

　　选择"体量和场地"→"面模型"→"楼板"命令，选择"常规 150mm"，框选"体量组合"，单击"创建楼板"命令，完成楼板的创建，如图 2-26 所示。

4. 创建"体量组合"幕墙

　　选择"体量和场地"→"面模型"→"墙"命令，单击"体量组合"的两个内立面，完成墙体的创建，如图 2-27 所示。

　　将文件另存为"项目"，命名为"体量组合"保存。

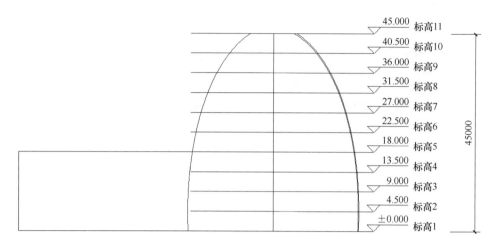

图 2-24 移动标高

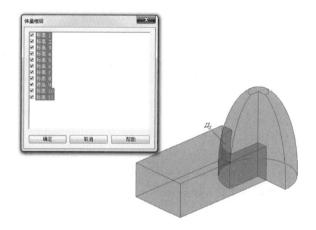

图 2-25 "体量楼层"命令

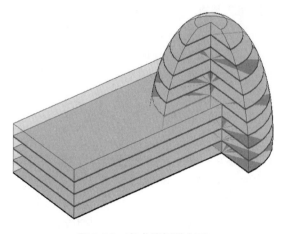

图 2-26 完成楼板的创建

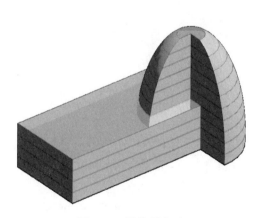

图 2-27 墙体的创建

2.2.2　参数化创建构件

参数化设计是设计人员根据工程关系和几何关系来指定设计要求。

参数化设计可以大大提高模型的生成和修改的速度，参数化的建模方法主要有变量几何法和基于结构生成历程的方法，适合于三维实体或曲面模型。

在计算机设计引擎 CDE（Computation Design Engine）中创建的设计是可用在 Revit 项目环境中的体量族，以这些族为基础，通过应用墙、屋顶、楼板和幕墙系统来创建更详细的建筑结构。

如图 2-28、图 2-29 所示为一个应用到分割表面中的参数化构件。

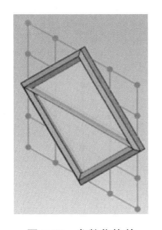
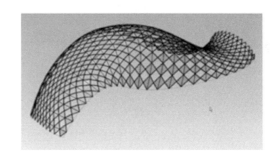

图 2-28　参数化构件　　　　　　　图 2-29　参数化构件的分割表面

BIM 参数化设计软件还有 Rhino＋Grasshopper 是应用较广泛的参数设计方法，除此之外，还有 Microstation 平台下的 GC（Generative Component）、Catia 平台下的 DP（Digital Project）、Revit 下的插件 Dynamo。本书对以上软件具体操作不再详述。

2.3　场地设计

2.3.1　场地设计的概念

场地设计是针对基地内建设项目的总平面设计，是依据建设项目的使用功能要求和规划设计条件，在基地内外的现状条件和有关法规、规范的基础上，人为地组织与安排场地中各构成要素之间关系的活动。

2.3.2　场地分析

场地分析包含场地设计条件分析、场地总体布局、交通组织、竖向布置、管线综合、绿化与环境景观布置、技术经济分析等内容。其目的是通过设计使场地中的各要素形成一个有机整体，并使其场地的利用能够达到最佳状态，以充分发挥最大效益，节约土地，减少浪费。

2.3.3 场地设计控制条件

1. 征地界线与建设用地界线

征地界线是由城市规划管理部门划定的供土地使用者征用的边界线，包括城市公共设施：如城市道路、公共绿地等。建设用地边界线指征地范围内实际可供场地用来建设区域的边界线。

2. 道路红线

道路红线是场地与城市道路用地在地表、地上和地下的空间界限。建筑物的台阶、平台、窗台、建筑物的地下部分或地下建筑物及建筑基础，均不得突入道路红线（如图2-30 所示）。

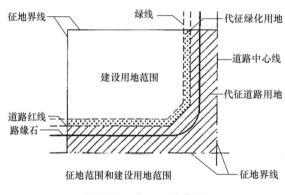

图 2-30　建设用地范围

3. 建筑红线

建筑红线也称建筑控制线，是建筑物基底位置的控制线。

2.3.4 场地的创建

常用的创建场地的软件有 Autodesk 公司的 Revit、Civil3D 与 Bentley 公司的 Power Civil 软件等。下面主要以 Revit 为例，讲解一下场地的创建。以某小区场地为例，创建地形表面，合理划分不同类型的功能分区，通过添加配景、连接模型等合成完整的场景。对建筑经济技术指标以及日照对建筑和场地的影响程度等进行合理分析。

1. 导入 CAD 文件

启动 Revit 软件，单击软件界面左上角的"应用程序菜单"按钮，在弹出的下拉菜单中依次单击"新建"→"项目"（如图 2-31 所示），在弹出的"新建项目"对话框中单击"浏览"选择"建筑样板"样本文件并确定（如图 2-32 所示）。

单击界面左上角的"应用程序菜单"按钮，在弹出的下拉菜单中依次单击"另存

图 2-31　新建"项目"

图 2-32　选择"建筑样板"

为"→"项目"（如图 2-33 所示）所示，将样板文件另存为项目文件，后缀将由 . rte 变更为 . rvt 文件，即项目文件，以防止误将样板文件替换掉。

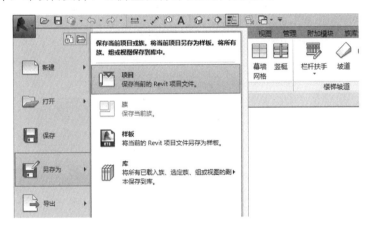

图 2-33　另存为"项目"

单击"体量与场地"选项卡，"场地建模"面板下 按钮（如图 2-34 所示），自动弹出"场地设置"的对话框。设置等高线间隔值、经过高程、添加自定义等高线、剖面填充样式等项目，全局场地设置（如图 2-35 所示）。

图 2-34　选择"场地建模"

单击"插入"选项卡中"链接 CAD"面板中的"链接 CAD"命令，弹出"链接 CAD格式"的对话框，选择一个场地设计的 CAD 文件"规划总平面图 _ t3. dwg"，设置"导入单位"为"毫米"，"定位"选择"自动-原点到原点"，"放置于"为"室外标高"，完毕

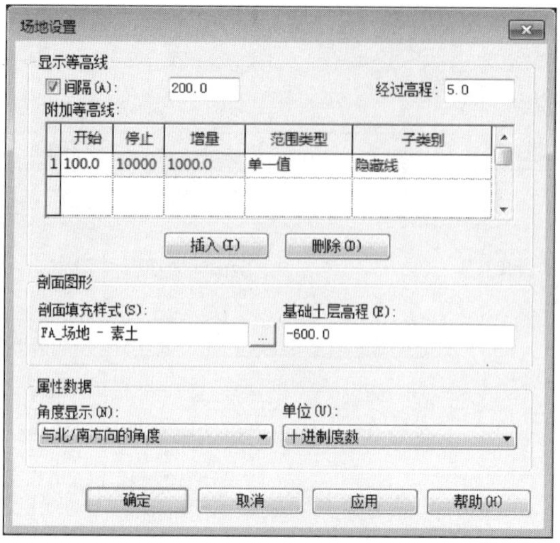

图 2-35　设置场地项目

后单击"打开",最终结果如图 2-36 所示。

图 2-36　选择场地设计的 CAO 文件

双击项目浏览器中的"场地",进入场地楼层平面视图。单击"视图"选项卡中"图形"面板中的"可见性/图形"命令,弹出"楼层平面:场地的可见性/图形替换"对话框。单击切换到"导入的类别"内,单击"规划总平面图 _ t3. dwg"前的"＋",展开各图层,取消勾选"PAVE、TREE、Z-TREE、绿化、小品",单击"确定"。此时,以上图层将在场地平面中不可见。最终结果如图 2-37、图 2-38 所示。

单击"属性"选项卡中"图形"面板中的"方向"命令,此时视图显示为"正北"。一般情况,在绘图过程中以建筑正南正北方向来绘制,可以设置"项目北"视图。此时保证"视图属性"对话框"图形"栏下的"方向"改为"项目"。单击"管理"选项卡中"项目位置"面板中的"位置"下拉按钮,选择"旋转项目北"并单击(如图 2-39 所示),将链接的 CAD 文件旋转成如图所示的方向(如图 2-40 所示)。

图 2-37　设置图层不可见

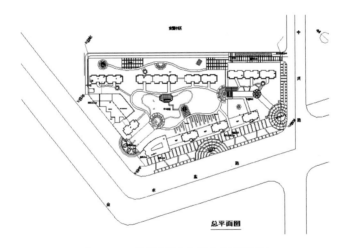

图 2-38　总平面图中部分图层隐藏

图 2-39　选择"旋转项目比"

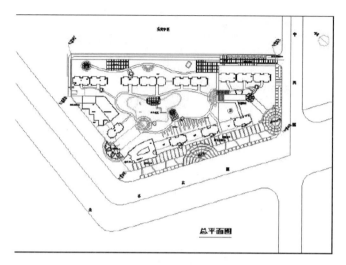

图 2-40　文件旋转

　　创建"项目北"的立面视图。单击"视图"选项卡"创建"面板"立面"命令，创建4 个正东南西北的立面视图（如图 2-41 所示）。

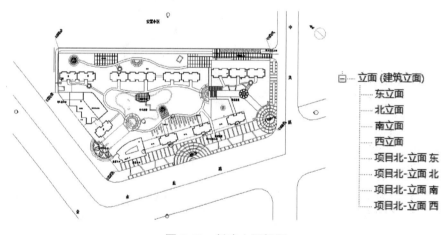

图 2-41　创建立面视图

　　选择链接的"CAD"文件，单击"修改｜规划总平面图 _ t3. dwg"，点击选项卡中"修改"面板中的"锁定"命令，将链接文件锁定（如图 2-42 所示）。保存文件命名为"01-链接总平"。

图 2-42　选择"锁定"

2. 建地形平面

单击"属性"选项卡中"范围"面板中的"视图范围"命令，打开"视图范围"对话框，将"主要范围"下的"底"的偏移量设为"−800"，将"视图深度"中"标高"的偏移量设为"−800"（如图 2-43 所示）。

图 2-43　视图范围设定

单击"建筑"选项卡中"工作平面"面板中的"参照平面"命令，绘制参照平面（如图 2-44 所示）。

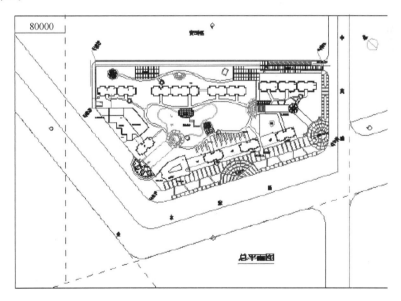

图 2-44　绘制参照平面

单击"体量和场地"选项卡中的"场地建模"面板中的"地形表面"命令，进入"编辑表面"的草图绘制模式，单击"放置点"命令，在选项栏上，设置"高程"的值，该值用于确定正在放置的点的高程。在参照平面与 CAD 文件边缘处（左上角）沿顺时针放置高程点：−800，−800，700，100，−600，−500，−550，700，−800（如图 2-45 所示）。

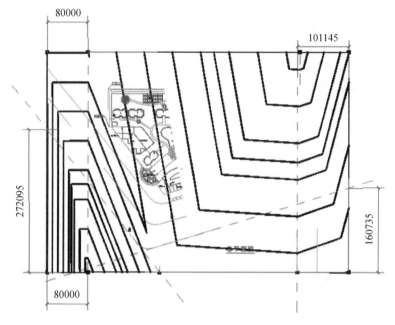

图 2-45　设置高程点

单击"编辑表面"选项卡中"工具"面板下的"简化表面"命令，弹出"简化表面"的对话框，将"表面精度"设为"150"，单击"确定"，完成设置。

单击"属性"栏中"材质"命令，设置"项目材质"为"草"，单击"确定"，完成设置（如图 2-46 所示）。

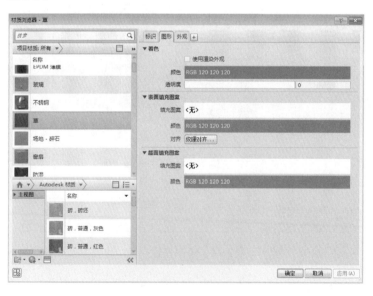

图 2-46　设置"项目材质"

单击"编辑表面"选项卡中"表面"面板下的"完成表面"命令，完成地形表面的创建（如图 2-47 所示）。保存文件命名为"02-创建地形"。

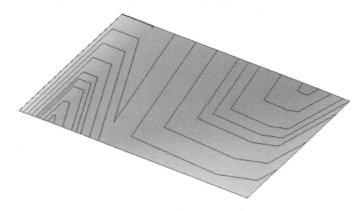

图 2-47　地形创建完成

3. 场地规划

双击进入"场地"楼层平面视图，选择链接的"CAD"文件，单击"修改规划总平面图 ＿ t3. dwg"上下文选项卡中"图元"面板中的"图元属性"命令，打开"实例属性"对话框，将"限制条件"栏下的"底部偏移"设为 1000，此时链接的文件将完全显示在场地上方（如图 2-48 所示）。

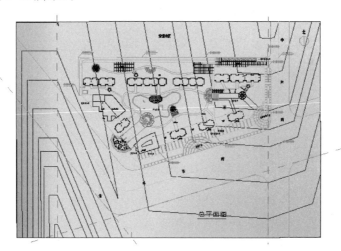

图 2-48　链接文件显示在场地上方

选择链接的"CAD"文件，单击"修改｜规划总平面图 ＿ t3. dwg"选项卡中"导入实例"面板中的"查询"命令，在绘图区域中选择 CAD 的建筑红线的位置，选择并单击线，弹出"导入实例查询"对话框，以此确定链接文件中建筑红线的线样式（如图 2-49 所示）。

单击"管理"选项卡中"设置"面板中的"对象样式"命令并单击，弹出"对象样式"对话框，在"模型对象"栏下，单击"场地"前的"＋"，展开场地下的类别，将建筑红线的线颜色设为"红色"，将"线型图案"设为"双划线"，单击"确定"完成（如图 2-50 所示）。

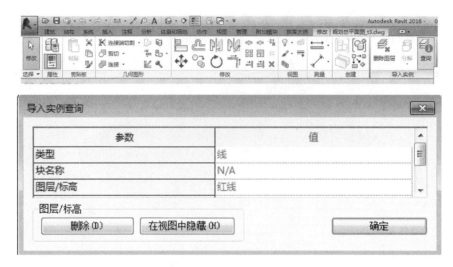

图 2-49　确定建筑红线样式

图 2-50　"对象样式"设置

　　单击"体量和场地"选项卡中的"修改场地"面板中的"建筑红线"命令，弹出"创建建筑红线"的对话框，选择"通过绘制来创建"，此时，进入"创建建筑红线草图"的绘制模式，单击"绘制"面板中的"拾取线"命令，拾取绘制出建筑红线（如图 2-51 所示）。

　　选择刚刚完成的建筑红线，属性栏中显示"标识数据"，将"参数栏"下的"名称"输入为"规划建设用地"，完毕后单击"确定"。单击"建筑红线"面板中的"完成建筑红线"命令，完成建筑红线的绘制，最终效果（如图 2-52 所示）。

　　选择刚刚绘制好的建筑红线，单击"修改建筑红线"选项卡中"建筑红线"面板中的"编辑表格"命令，弹出"对话框"，选择"是"，弹出"建筑红线"对话框，单击确定完成转换（如图 2-53 所示）。

4. 建筑地坪

　　单击"视图"选项卡中的"图形"面板中的"可见性/图形"命令，打开"楼层平面：场地的可见性/图形替换"的对话框。切换到"模型类别"中，单击"地形"前的"＋"，

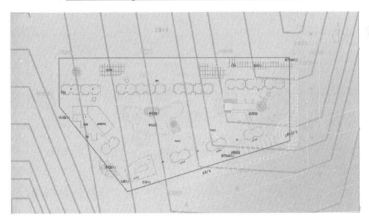

图 2-51　拾取绘制出建筑红线

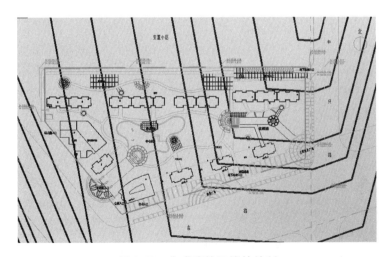

图 2-52　完成建筑红线的绘制

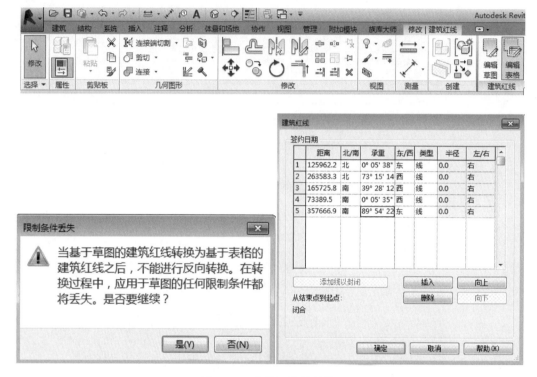

图 2-53　建筑红线的转换

取消勾选"主等高线"和"次等高线",单击"确定",此时,场地视图中的等高线将不可见(如图 2-54 所示)。

　　单击"体量和场地"选项卡中"场地建模"面板中"建筑地坪"命令,进入"创建建筑地坪边界"的草图绘制模式,单击"绘制"面板中的"边界线"命令,将鼠标移动到绘图区域中绘制如图 2-55 所示"建筑边线"。

　　单击"创建建筑地坪边界"选项卡中"编辑"面板中"修剪"命令,将建筑边线修剪为一闭合轮廓(如图 2-56 所示)。

　　单击"创建建筑地坪边界"选项卡中"图元"面板中"建筑地坪属性"命令,打开"实例属性"对话框,单击"编辑类型",打开"类型属性"对话框,单击"类型"后的"重命名"按钮,弹出"重命名"对话框,输入新名称为"建筑地坪"。单击确定完成重命名(如图 2-57 所示)。

　　单击"类型属性"对话框中的"结构"后的"编辑"按钮,弹出"编辑部件"的对话框,单击"层 2"的"材质"栏下的"按类别",再单击"[...]"按钮,弹出"材质"对话框,单击"材质类"后的下拉按钮,选择"〈全部〉",在材质列表中,选择"FA_场地-素土",单击弹出"复制 Revit 材质"的对话框,输入名称为"FA_场地-建筑",单击确定(如图 2-58 所示)。

　　设置"图形"的"着色"模式为"白色",设置完毕后,单击确定,此时"层 2"的材质设为"FA_场地-建筑",将厚度设为"300"。单击"确定"两次,完成类型属性设置(如图 2-59 所示)。

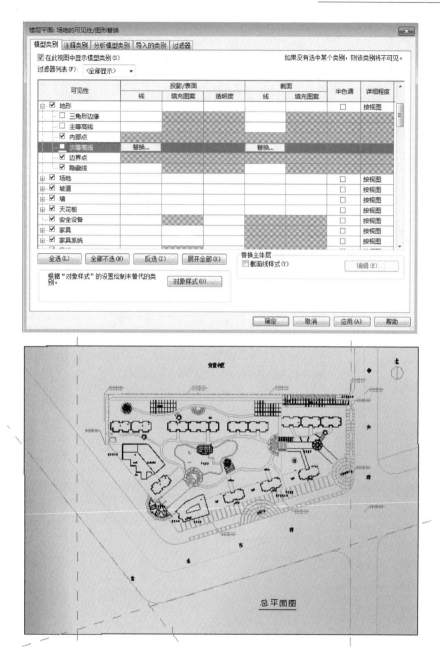

图 2-54　设置"等高线"不可见

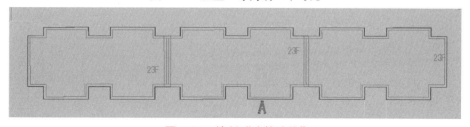

图 2-55　绘制"建筑边线"

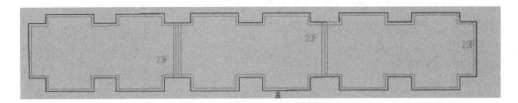

图 2-56　修剪"建筑边线"

图 2-57　重命名

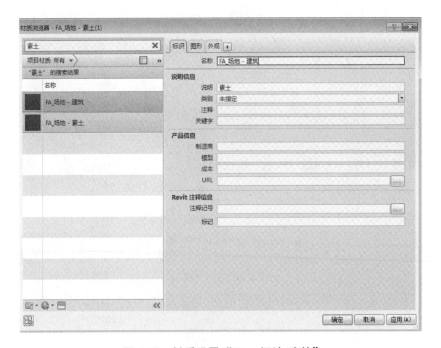

图 2-58　材质设置"FA_场地-建筑"

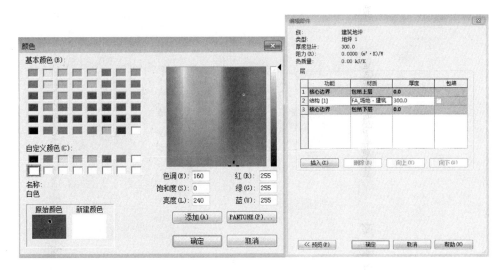

图 2-59　类型属性设置（着色、厚度）

在"实例属性"对话框中，将"限制条件"栏下的"标高"设为"室外标高"，将"自标高的高度偏移"设为"0"，单击确定，完成属性设置（如图 2-60 所示）。

单击"建筑地坪"面板中的"完成建筑地坪"命令，完成建筑地坪的绘制。最终效果如图 2-61 所示。

同理，完成其他建筑的地坪绘制，最终效果如图 2-62 所示。

5. 水面地坪

单击"体量和场地"选项卡中"场地建模"面板中"建筑地坪"命令，进入"创建建筑地坪边界"的草图绘制模式，单击"绘制"面板中的"边界线"命令，将鼠标移动到绘图区域中绘制"水面边线"（如图 2-63 所示）。

单击"创建建筑地坪边界"选项卡中"编辑"面板中"修剪"命令，将水面边线修剪为一闭合曲线（如图 2-64 所示）。

单击"创建建筑地坪边界"选项卡中"图元"面板中"建筑地坪属性"命令，打开"实例属性"对话框，单击"编辑类型"，打开"类型属性"对话框，单击"类型"后的"复制"按钮，弹出"名称"对话框，输入名称为"水面"。单击确定，完成新建（如图 2-65 所示）。

图 2-60　设置"标高"

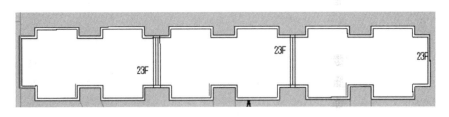

图 2-61　完成建筑地坪的绘制

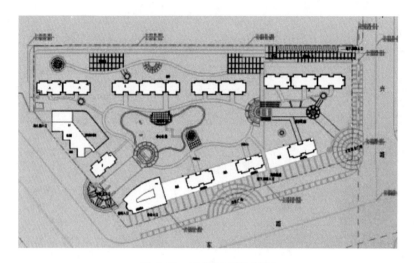

图 2-62　地坪绘制效果图

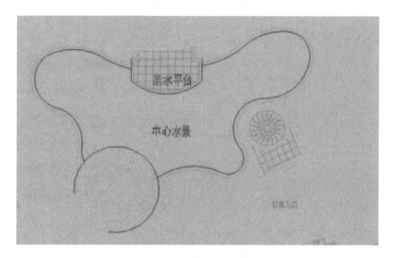

图 2-63　绘制"水面边线"

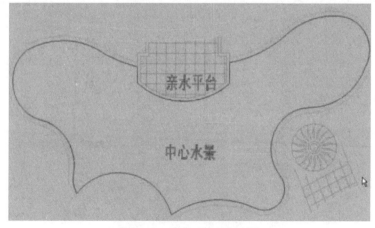

图 2-64　修剪"水面边线"

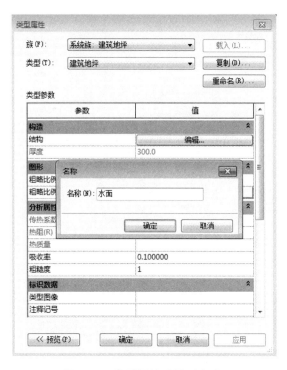

图 2-65　类型属性设置（名称）

单击"类型属性"对话框中的"结构"后的"编辑"按钮，弹出"编辑部件"的对话框，将"层 2"的材质设为"场地－水"，将厚度设为"600"。单击"确定"两次，完成类型属性设置（如图 2-66 所示）。

图 2-66　类型属性设置（厚度）

在"实例属性"对话框中，将"限制条件"栏下的"标高"设为"室外标高"，由于水面要比场地低 300，故将"相对标高"设为"－300"，单击确定，完成属性设置（如图 2-67所示）。

图 2-67　设置"标高"

单击"建筑地坪"面板中的"完成建筑地坪"命令，完成水面的绘制。最终效果如图 2-68所示。

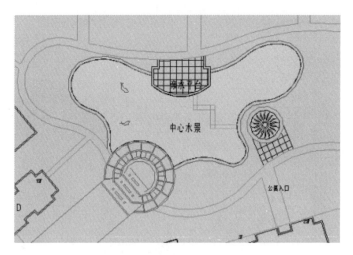

图 2-68　完成水面的绘制

2.4　方案比选

在方案设计阶段，BIM 技术的可视化将抽象的二维建筑图纸转换为三维立体化，这使得业主与非专业人员对项目的了解更为明确，更有利于在设计方案比选中选出最佳的设计方案。

由于各数据参数与模型进行关联，建筑模型其他地方也将自动调整尺寸并更新所有相关信息，设计人员可对不符合自己预先构想之处进行反复调整，准确定位，直到制定最佳设计方案。因此通常只需对一种类型的建筑项目建模一次，后期就只需要调整该模型而无需重新搭建模型，这是对设计人员工作的便捷之处，节省了人力时间，缓解了制图压力，大幅度地提高了工作效率。

杭州奥体中心主体育馆项目的设计就采用了 BIM 技术（如图 2-69 所示），它改变了传统意义上的运用纸盒、泡沫等手工模型进行展示，建筑师将构思的草图导入 BIM 技术相应软件环境中，进行参数化设计荷花瓣外观和花瓣数量，并不断进行调整对比直至确定最终方案（如图 2-70 所示），整个过程实现精准、高速、形象的高度同步。

图 2-69　杭州奥体中心主体育馆

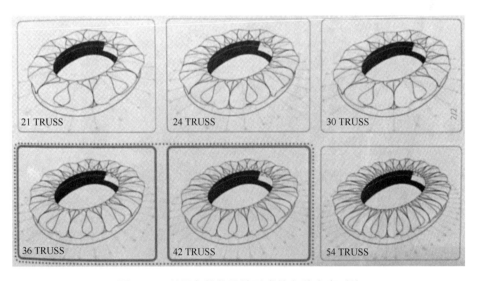

图 2-70　利用参数化设计形成的多种方案对比

珠海日月贝歌剧院是世界上为数不多三面环海，也是中国唯一建设在海岛上的歌剧院。在剧场的设计过程中，运用欧特克（Autodesk）BIM 软件帮助实现参数化的座位排布及视线分析，借助这一系统，可以切实地了解剧场内每个座位的视线效果，并做出合理、迅速的调整。根据座椅的设计尺寸，以单元的形式整合到模型中，可对每一个座椅的间距、尺寸等进行即时的调整，并结合通用人体模型模拟视线。借助 BIM 设计软件，帮助建筑师自动生成各个角度的模拟视线分析，通过视线分析模拟，建筑师可以直观的看到观众视点的状况，从而逐点核查座椅高度和角度，进而决定是否修改设计。根据参数化模型可直接生成视线分析表格，在参数化的辅助下，高达 1550 座的视线分析，这几乎不可想象的工作量，都可交由参数化软件模拟，不仅提高了效率，也降低了错误率（如图 2-71、图 2-72 所示）。

图 2-71　珠海日月贝歌剧院室外效果图

图 2-72　珠海日月贝歌剧院室内效果图

第3章 BIM 在初步设计中的应用

3.1 概述

初步设计是介于方案设计和施工图设计之间的阶段，主要任务是完成各专业系统方案的细化过程，包括设计依据、工程概况、场地条件及总平面设计、竖向设计、交通环境设计、功能布局、水平及垂直交通设计、单位平面、立面、剖面设计，地下室及屋面防水措施、门窗表、主要技术经济指标等内容。

在项目的初步设计阶段，利用 BIM 技术三维可视化的优势进行方案设计细化，首先模型精细化设计，利用 BIM 技术三维设计的优势，对设计中难以表现的部位进行精细化设计，达到充分利用空间的目的。例如，楼梯间下部空间在传统二维设计时很难明确空间尺度，结合 BIM 的可视化特点，对这类空间进行了精细化设计，有效提高了空间利用率（如图 3-1 所示）。达到设计效率和设计成果质量的显著提升。其次是结合 BIM 技术进行建筑方案的深化设计分析，提出可再生能源利用策略、方法和确定绿色建筑节能措施等，最后做出工程的概算。

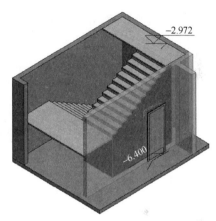

图 3-1　三维空间的充分利用

3.2 建筑设计

BIM 模型的使用将贯穿项目的整个生命周期，随着应用点的不同，大量的信息将输入到模型中，导致模型所占用的电脑内存空间的增大，为了保证模型的可持续应用于修改，需要对其搭建的方法制定一系列的规则要求，增加可持续深化使用的便捷性。

3.2.1 项目设计的策划

1. 项目信息概况

项目概况信息包括项目建设单位、建设地点、项目功能、面积、结构类型等内容。

例如：某商业楼总建筑面积 1703.16m²，建筑基地面积为 851.58m²，框架结构，使用年限为 50 年，耐火等级为 Ⅱ 级。

在 Revit 软件中，这些项目信息的添加在管理菜单下的"项目信息"栏中（如图 3-2 所示），单击 ![项目信息] 命令，出现项目属性对话框，单击"能量设置"后的"编辑"，出现"能

图 3-2 选择"项目信息"栏

量设置"对话框（如图 3-3 所示），我们可以在这里输入项目的各种信息，以便在后续项目设计中所有图纸上都保持相同的数据。

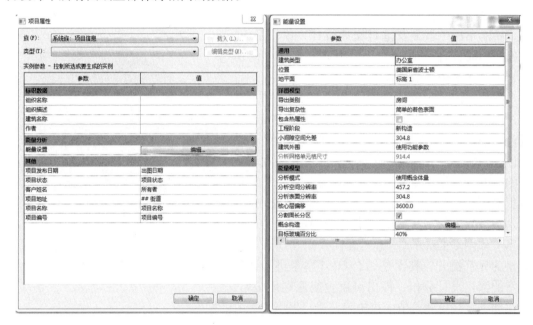

图 3-3 打开"能量设置"对话框

2. 模型搭建的基本原则

为了保证项目进度以及所搭建的设计模型符合当前设计的要求，建立统一的样本文件，并制定文件管理规则，包含：文件的建模规则、文件命名规则以便各专业或各设计人员容易找到需要链接的模型文件。

（1）项目的基本要求

坐标：所有单体的坐标原点和总图的坐标原点相吻合为 0，0。

轴网：所有单体的轴网都要基于总图大轴网之上建立，确保单体的轴网能够完全吻合单体在总平图上的位置，建筑结构机电采用同一个轴网。

标高：单体的建筑结构机电标高采用各自设计阶段的绝对标高。

单位：长度单位 1mm；面积单位 $0.01m^2$；体积单位 $0.001m^3$；角度单位度。

（2）建模规则

总原则：所有对象的类型必须和建筑实际构件属性保持一致。例如建筑中的墙必须用墙类型构件建模。

场地：建立整个地块的场地，并且保存为一个独立的文件。

建筑：建立区域的建筑模型，并且保存为一个独立的模型文件。

（3）建模精度

所有模型的尺寸依据图纸给定尺寸建模，未明确的尺寸按大致轮廓尺寸创建，见表 3-1。

模型建模　　　　　　　　　　　　　　　　　　　　表 3-1

阶段	专业	构件描述	精度说明
初步设计阶段	建筑	墙	一般尺寸；墙体厚度
		门	一般尺寸；类型标注
		窗	一般尺寸；类型标注
		屋顶	平面尺寸；标高；板厚
		楼板	平面尺寸；标高；板厚
		幕墙	一般尺寸；网格分割；竖梃
		栏杆扶手	平面尺寸；高度尺寸
		坡道	平面尺寸；标高；板厚；坡度
		楼梯	平面尺寸；标高；板厚

（4）线宽线型（表 3-2）

Revit 常用线宽、常用比例设置　　　　　　　　　　表 3-2

	1：20	1：50	1：100	1：200
1 号线	0.10mm	0.10mm	0.10mm	0.10mm
2 号线	0.15mm	0.15mm	0.15mm	0.15mm
3 号线	0.25mm	0.25mm	0.25mm	0.25mm
4 号线	0.45mm	0.45mm	0.45mm	0.45mm
5 号线	0.60mm	0.60mm	0.60mm	0.60mm

（5）注释线类型对应线宽（表 3-3）

线宽　　　　　　　　　　　　　　　　　　　　　　表 3-3

线性	线宽	
	投影	截面
轴网线	1 号线	
中心线	2 号线	
道路中心线	2 号线	
虚线（用于顶板开洞等）	2 号线	
细实线	1 号线	
中粗实线	3 号线	3 号线
宽实线	4 号线	4 号线
图框线	5 号线	

（6）材质要求

采用系统默认值，不自行添加，尺寸及文字标注，不做出图要求时，无需添加尺寸标注。

对于以下特定构件需添加文字标注，文字标注的形式及名称与族的命名相对应，例如：建筑：门、窗、电梯、房间、楼梯、坡道。见表 3-4。

字体

表 3-4

文字用途	中文	英文	数字	宽高比
户型编号	2.5mm 黑体	2.5mm 黑体	2.5mm 黑体	0.8
房间名称（无面积）	2.5mm 宋体			0.8
房间名称（有面积）	2.5mm 宋体		2.5mm 黑体	
楼梯、电梯等编号	2.5mm 黑体	2.5mm 黑体	2.5mm 黑体	0.8
图名（中英对照）	4.0mm 黑体	4.0mm 黑体	4.0mm 黑体	1
视图编号			7.0mm 黑体	1
普通文字注释	2.5mm 宋体	2.5mm 宋体	2.5mm 宋体	0.8
门窗标记	2.5mm 宋体	2.5mm 宋体	2.5mm 宋体	0.8
尺寸标注			4.5mm 宋体	0.7

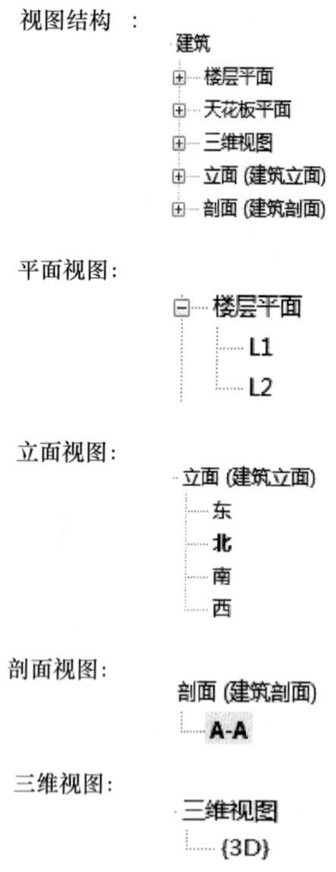

视图结构：

建筑
- 楼层平面
- 天花板平面
- 三维视图
- 立面（建筑立面）
- 剖面（建筑剖面）

平面视图：

楼层平面
- L1
- L2

立面视图：

立面（建筑立面）
- 东
- 北
- 南
- 西

剖面视图：

剖面（建筑剖面）
- A-A

三维视图：

三维视图
- {3D}

图 3-4　视图命名

（7）文件命名

模型文件名称应包含项目编号、专业代码、子项名称、区域代码。

例如：PA005871.03-A7-轴网-central.rvt

项目编号—地块编号—基本定位—中心文件

（8）视图命名（如图 3-4 所示）

（9）一般族（可自建族）命名

一般族的完整命名由两部分组成：族名称＋族类型。

族名称：专业类别缩写＿中文名称＿备注（选填）。

专业类别缩写：确定族的专业属性。

中文名称：确定族的实际用途及说明。

备注：确定族的特殊使用方法，可选填。

族类别：型号尺寸（该族具有此项类型特征就加描述，不具备此项类型特征则不用描述）这一块标注和 CAD 图纸对应。

尺寸：描述管路附件、门窗等具有尺寸信息的族的尺寸。

型号：描述专用设备和一些特定构件的型号。

例如：建筑相关族

族名称：DOR＿单扇防火门。

族类型：FM 乙 1221。

（10）文件夹架构

文件夹划分原则：以专业划分，各专业平行见表 3-5。

| 文件夹划分 | | 表 3-5 |

📁BIM	存放内容说明
📁ARC	建筑专业文件夹
📁Archive	阶段成果备份文件
📁Attach	外部参照文件（＊.dwg ＊.jpg 等）
📁Families	族文件（＊.rfa）
📁Model	工作模型（中心文件 ＊.rvt）
📁Publish	成果输出文件夹
📁Background	与其他专业交流文件（提资文件）
📁Review	阶段成果文件（施工图设计文件）
📁Rendering	渲染成果
📁Support	技术支持文件
📁Work	项目组成员个人文件夹
📁zhang.liang	个人文件夹

3.2.2　模型的拆分

模型拆分是将虚拟模型按照一定的方式进行划分并分别存档，用于方便使用者对模型的操作和管理。

（1）模型拆分具体可分为两个维度：竖向建筑系统体系划分；横向按建筑区域的工作集划分模型；针对竖向建筑、结构、机电等系统的特性，按实际需求划分工作集区域划分。

（2）模型拆分的基本方法：按建筑分区、按楼号、按施工缝（如塔楼、裙房）、按单个楼层或一组楼层对于大于 50MB 的文件应进行检查，考虑是否可能进行进一步拆分。理论上，文件的大小不应超过 200MB；基于此原则，根据硬件配置，可能需要对模型进行进一步的拆分，以确保运行性能。模型拆分特殊系统。

对于高层建筑的地上部分，优先按照区域拆分，如高层的标准层加上变化层与裙房，根据区域的面积大小，也可以再进一步进行竖向的划分，例如地下一层文件、地下二层文件、标准层文件等。

下面以 Revit 软件为例，讲述一下标准层模型设计的过程（如图 3-5 所示），模型的基础搭建因在一级建模教材中已讲述，这里就不再重复。

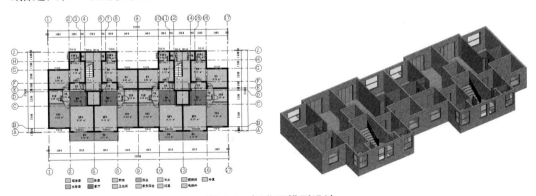

图 3-5　标准层模型设计

1. 房间的定制

打开某建筑物的一个户型建筑模型。

确认打开项目浏览器中"楼层平面"→"F1"视图，单击"建筑"选项卡→"房间和面积"面板→"房间"工具，光标移动到绘图区域最上方的闭合房间单击，放置房间及房间标记（如图 3-6 所示）。同样的方法光标依次在闭合房间内点击为所有房间添加房间和房间标记。

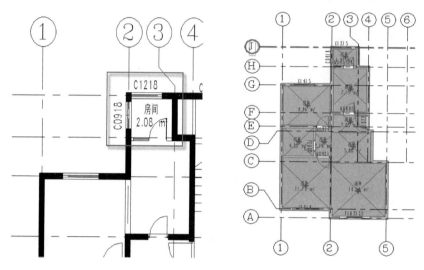

图 3-6　放置房间及房间标记

某些房间为半闭合空间，需要添加房间分割线：单击"建筑"选项卡→"房间和面积"面板→"房间"，单击"房间分隔线"工具，光标在（如图 3-7 所示）的位置绘制用于分割房间的线条。

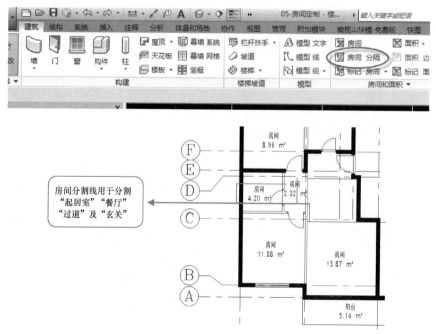

图 3-7　添加"房间分隔线"

　　单击"建筑选项卡"→"房间和面积"面板→"房间"工具，光标移动到绘图区域为房间分隔线新划分的房间添加房间及房间标记（如图 3-8 所示）。同样的方法光标依次在闭合房间内点击为所有房间添加房间和房间标记。

　　选择房间标记，单击"房间"，房间名称变为可输入状态，输入新的房间名称，房间名称如图 3-9 所示，依次改为："服务阳台""厨房""卧室""玄关""卫生间""过道""餐厅""主卧室""起居室"，完成后保存文件。

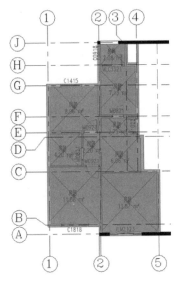
图 3-8　添加房间及房间标记

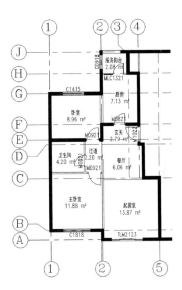
图 3-9　输入新的房间名称

2. 标准层设计

　　确认打开项目浏览器中"楼层平面"→"F1"视图，光标从视图左上方向右下方框选除轴网外的所有构件，单击"选择多个"选项卡→"创建"面板→"创建组"工具，在弹出的"创建模型组和附着的详图组"对话框，输入模型组名称为"户型-A"，详图组名称为"X-户型-A"并确定，完成组的创建（如图 3-10 所示）。

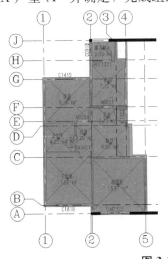

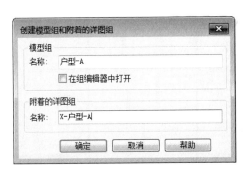

图 3-10　"X-户型-A"组的创建

光标移动到"户型-A"组上，当外围出现矩形虚线时单击选择组，单击"修改模型组"选项卡的→"修改"面板→"镜像"工具，光标移动到绘图区域，在 5 轴上单击，即以 5 轴为中心镜像"户型-A"组，完成（如图 3-11 所示）。

由于镜像组时有一面墙重叠，发生错误警告，光标移动到 5 轴重叠的墙体上，按 Tab 键帮助选择重叠的任意一面墙，单击该墙旁边的图钉图标，将该墙体排除出组（如图 3-12 所示）。即一个组中已经没有该墙体了，解决了墙体的重叠问题。

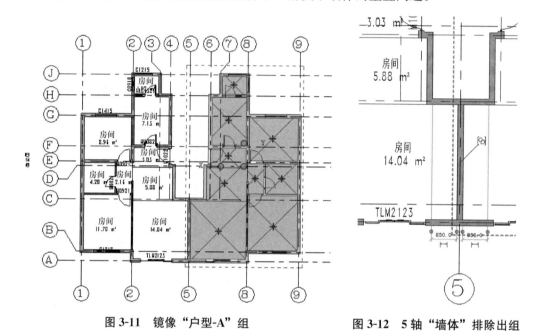

图 3-11　镜像"户型-A"组　　　　　　图 3-12　5 轴"墙体"排除出组

选择现有的两个模型组，同样的方法单击"修改模型"选项卡→"修改"面板→"镜像"工具，光标移动到绘图区域，以 9 轴为中心镜像现有两个模型组（如图 3-13 所示）。

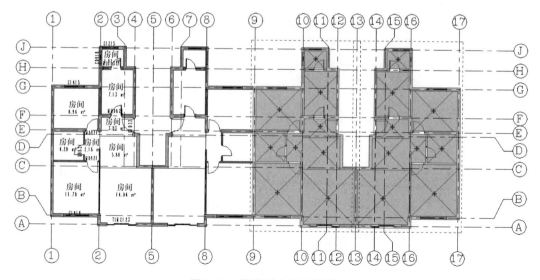

图 3-13　镜像现有两个模型组

同样的方法，按 Tab 键帮助选择 9 轴上的一面重叠的墙，单击该墙旁边的图钉图标，将该墙体排除出组（如图 3-14 所示）。

单击"建筑"选项卡→"构建"面板→"墙"工具，在"放置墙"选项卡"属性"面板"修改图元类型"下拉列表中选择墙体"WQ_200_剪"，选项栏确保墙体高度设置为"F2"，光标在绘图区域 J 轴上 4～7 轴之间从左向右绘制下图中的墙体，在下拉列表中选择墙体"NQ_100_隔"，从 H 轴与 4 轴交点向上绘制至 J 轴，右键单击取消后从 H 轴与 6 轴交点向上绘制至 J 轴，完成墙体的添加（如图 3-15 所示）。

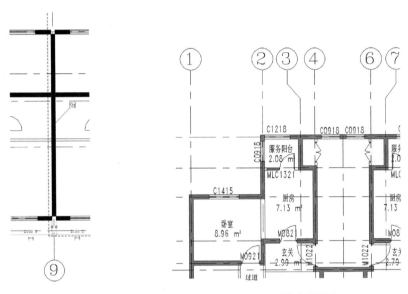

图 3-14　9 轴"墙体"排除出组　　　图 3-15　墙体的添加

单击"修改"选项卡→"编辑"面板→"对齐"命令，光标在绘图区域借助 Tab 键选择 4 轴与 H～G 轴处墙体右侧表面后继续借助 Tab 键选择新创建的 4 轴上的"NQ_100_隔"右边的面层，将两面墙的面层对齐，同样的方法对齐 6 轴上的"NQ_100_隔"（如图 3-16 所示）。

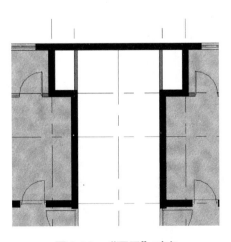

图 3-16　"面层"对齐

根据前面讲到的方法，选择窗"C0918"，放置在如图 3-17 所示的位置。

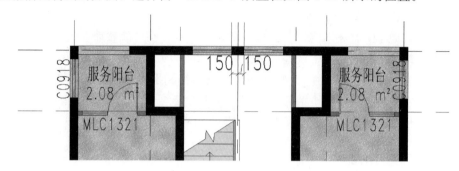

图 3-17　选择窗"C0918"

以"M _ 双开门 1521FBM 甲"为基础复制新的门类型"FM0921 甲"并修改门的"高度"为 2100，宽度为"900"。光标移动到绘图区域，在刚刚绘制的两面"NQ _ 100 _ 隔"上，如图 3-18 所示位置放置防火门"FM0921 甲"。

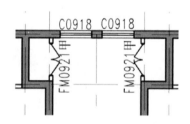

图 3-18　放置防火门

单击"建筑选项卡"→"房间和面积"面板"房间"按钮上半部分，在"属性"选项卡→"修改图元类型"下拉列表中选择"房间"，及房间标记中只包含房间名称信息，光标移动到绘图区域为房间新创建的房间添加房间标记（如图 3-19 所示）。

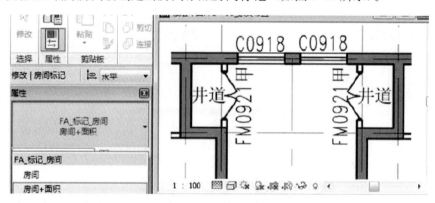

图 3-19　添加房间标记

选择刚刚创建的新墙体、门、窗及房间，单击"选择多个"选项卡→"修改"面板→"复制"工具，光标在 3 轴上单击作为复制的起点，水平向右移动至 11 轴单击完成新构件的复制（如图 3-20 所示）。

选择 5～9 轴之间的单元组，单击"修改模型组"上下文选项卡→"成组"面板→

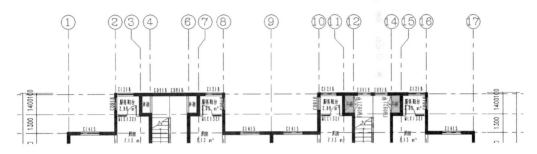

图 3-20　新构件的复制

"附着的详图组"工具，在弹出的"附着的详图组放置"对话框中勾选"楼层平面：X－户型－A"，并确定，观察视图中组已添加了相关的注释图元（如图 3-21 所示）。

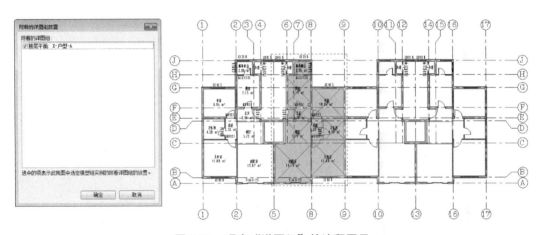

图 3-21　观察"详图组"的注释图元

使用相同的方法为 9～13 轴和 14～17 轴的模型组附着详图组，完成后保存文件。

3. 楼板的搭建

考虑将来施工设计中，一般的建筑做法划分，我们将楼板绘制大概分为 4 个区域：生活区域（除服务区域及阳台外的其他房间）、服务区域（卫生间、厨房及服务阳台）、室外阳台及核心筒区域（即楼梯间）。

考虑将来施工设计中，一般的建筑做法划分，我们将楼板绘制大概分为 4 个区域：生活区域（除服务区域及阳台外的其他房间）、服务区域（卫生间、厨房及服务阳台）、室外阳台及核心筒区域（即楼梯间）。

确认打开项目浏览器中"楼层平面"→"F1"视图，开始绘制生活区楼板：单击"建筑"选项卡→"构建"面板→"楼板"工具，进入楼板的草图绘制模型。单击"创建楼层边界"选项卡→"属性面板"→"属性"，在弹出的"属性"对话框中单击"编辑类型"按钮，进入"类型属性"对话框，单击"类型"后的"复制"按钮，在弹出的"名称"对话框中输入新名称"SH-150"，单击确定（如图 3-22 所示）。

单击"结构"项后的"编辑"按钮，进入"编辑部件"对话框，确保结构层厚度为

45

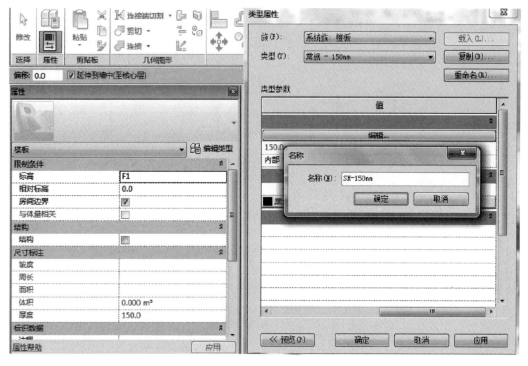

图 3-22　楼层平面命名

150mm，并单击材质"〈按类别〉"，单击材质后部的浏览按钮，即可进入"材质对话框"（如图 3-23 所示）。

图 3-23　进入"材质对话框"

在材质对话框中左侧"材质类"后的下拉列表选择"〈全部〉"在材质列表中选择材质"FA-混凝土-钢筋"，多次"确定"关闭所有对话框完成新的楼板类型"SH-150"的创建（如图 3-24 所示）。

Revit 默认激活了"创建楼板边界"选项卡→"绘制"面板→"边界线"的"拾取墙"工具，光标在绘图区域拾取如下墙面（如图 3-25 所示）。

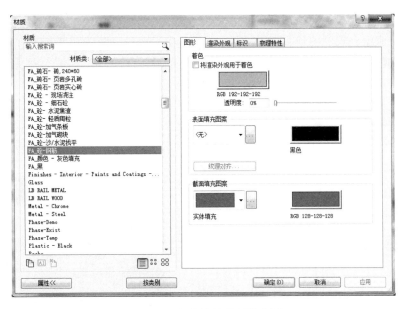

图 3-24　完成楼板类型的创建

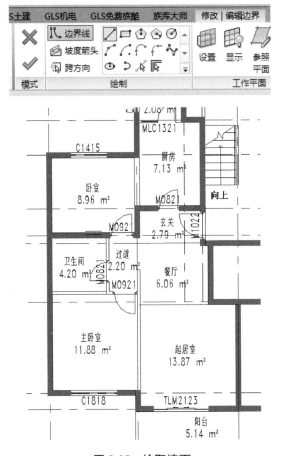

图 3-25　拾取墙面

　　单击"修改"面板→"修剪"工具，光标在绘图区域依次单击交叉的边界线，修剪掉多余部分。完成闭合轮廓的绘制（如图 3-26 所示）。单击"模式"面板→"完成编辑模式"，完成楼板的绘制。单击"快速访问工具栏"的"三维视图"工具，观察三维视图中的楼板（如图 3-27 所示）。

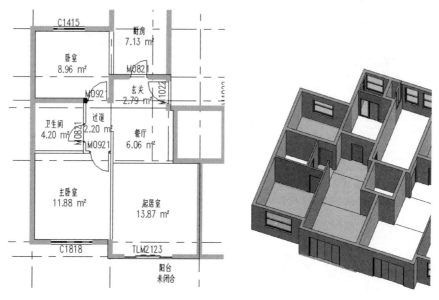

图 3-26　完成闭合轮廓的绘制　　　　　图 3-27　观察三维视图中的楼板

　　同样的方式，以楼板"SH-150"为基础，复制新的楼板类型"FW-150"，楼板材质及结构层厚度不变，光标在绘图区域绘制下图中的两个闭合轮廓（如图 3-28 所示）。

　　同样的方式以楼板"SH-150"为基础，复制新的楼板类型"YT-150"，绘制闭合轮廓完成室外阳台楼板的绘制（如图 3-29 所示）。

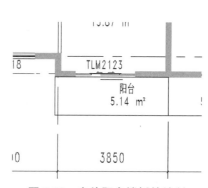

图 3-28　完成两个闭合轮廓　　　　　图 3-29　室外阳台楼板的绘制

单击"建筑"选项卡→"房间和面积"面板→"房间"向下箭头→"房间分隔线"，沿刚刚绘制的阳台楼板边缘线绘制三条分隔线，与墙共同围合出一个闭合房间，并使用"房间"工具添加新的房间，并将名称改为"阳台"（如图 3-30 所示）。

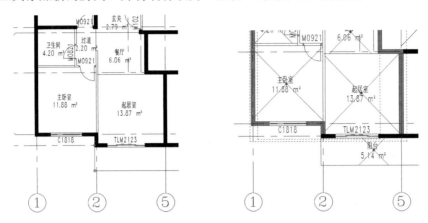

图 3-30　绘制"阳台"

选择 1-5 轴的模型组"户型－A"，单击"修改模型组"选项卡→"成组"面板→"编辑组"工具，单击"编辑组"面板→"添加"工具，光标在绘图区域选择刚刚绘制的所有楼板及阳台房间分隔线后单击"编辑组"面板→"完成"。观察其他组都已添加了新绘制的楼板（如图 3-31 所示），完成后保存文件。

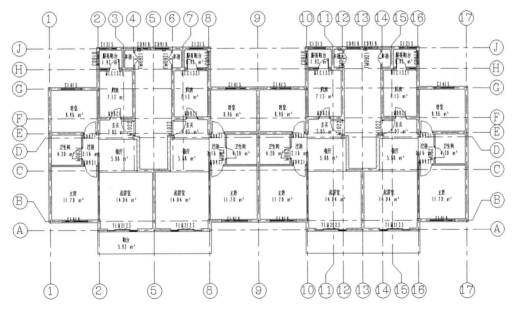

图 3-31　完成制图

4. 交通核设计

绘制楼梯，确认打开项目浏览器中"楼层平面"→"F1"视图，开始绘制楼梯：单击"建筑"选项卡→"楼梯坡道"面板→"楼梯"，进入楼梯的草图绘制模式，单击"创建楼梯草图"选项卡→"属性"面板打开"类型属性"对话框，设置"类型"为"整体式

楼梯"，并设置"宽度"为"1200"；"所需踢面数"为"18"；"实际踏板深度"为"280"，
确定后关闭"属性"对话框（如图 3-32 所示）。

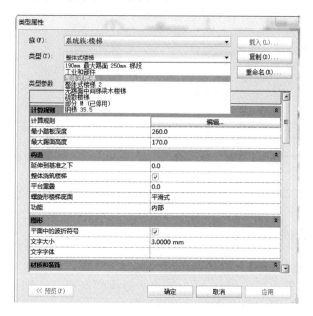

图 3-32 设置"属性"类型

单击"工具"面板"扶手类型"工具，在弹出的"扶手类型"对话框中选择扶手类型
为"1100"并确定（如图 3-33 所示）。

单击"属性"面板，进入"类
型属性"对话框，确保勾选"开始
于踢面"及"结束于踢面"的复选
框，两次"确定"关闭所有对话框
（如图 3-34 所示）。

单击上下文选项卡的"创建楼
梯草图"→"绘制"面板→"踢段"
工具，光标移动到绘图区域如下图
楼梯的近似位置，单击开始向上绘
制踢段，注意踢段右下角提示信息，
当提示"创建了 9 个踢面，剩余 9
个"的提示时光标单击，并水平向
右移动至大致位置单击，向下移动，

图 3-33 选择"扶手类型"

图 3-34 设置"属性"并检查

50

当光标超过"创建了 18 个踢面，剩余 0 个"的位置时单击，完成楼梯近似位置的绘制（如图 3-35 所示）。

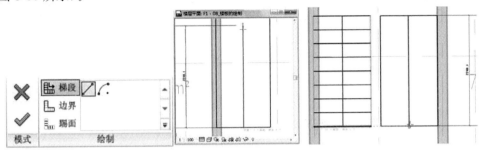

图 3-35　完成楼梯近似位置的绘制

调整楼梯位置，选择确定休息平台宽度的线条，使用临时尺寸标注修改休息平台宽度为 1500mm（如图 3-36 所示）。

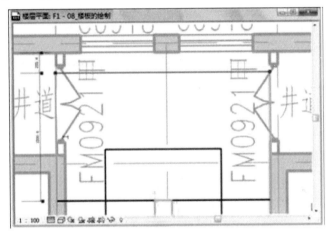

图 3-36　修改"平台宽度"

框选刚刚绘制的所有楼梯草图，单击"移动"工具，将楼梯向上移动，将上部休息平台位置与上部内墙面对齐，左侧边界线与左侧墙面对齐（如图 3-37 所示）。

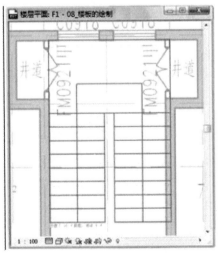

图 3-37　"移动"楼梯

框选楼梯右侧踢段及边界，使用移动命令与右侧墙面对齐（如图 3-38 所示）。

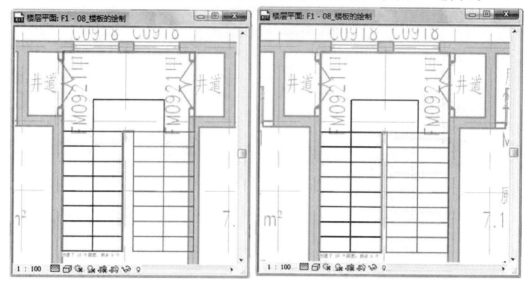

图 3-38　与墙面对齐

单击"完成楼梯"按钮，完成楼梯的绘制，观察完成后的效果，如下图所示。选择外围的扶手，单击"修改扶手"选项卡 ► "修改"面板→"删除"按钮，删除靠墙的扶手。完成楼梯的绘制（如图 3-39 所示）。

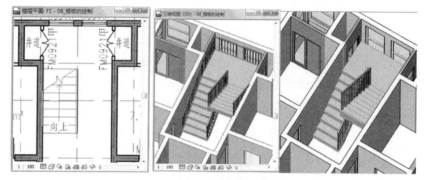

图 3-39　完成楼梯的绘制

添加电梯，回到平面视图"F1"，开始添加电梯构件：单击"插入"选项卡→"载入族"从库中载入"DT＿电梯＿后配重＿多层.rfa"族，并单击"打开"按钮，完成电梯族的载入。

单击"建筑"选项卡→"构建"面板→"构件"按钮，在"放置构件"的选项卡单击"属性"面板→"属性"下拉列表选择"DT＿电梯＿后配重＿多层 2200X1100"，单击"属性"→"编辑属性"按钮，进入"类型属性"对话框，单击"类型"后的"重命名"按钮，在弹出的"名称"对话框中输入新的类型名称："1350X1400"，并确定（如图 3-40 所示）。修改电梯设置：轿箱深度＝1350mm，轿箱宽度＝1400mm，配重偏移＝0。

光标移动至绘图区域电梯井上方墙面，Revit 将自动拾取中心位置，单击放置电梯（如图 3-41 所示）。

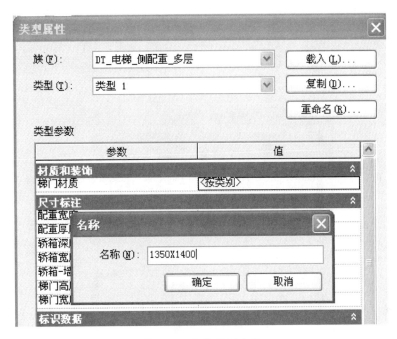

图 3-40 输入类型名称

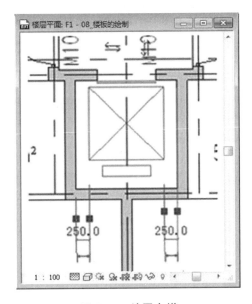

图 3-41 放置电梯

单击"建筑"选项栏→"房间和面积"面板→"房间"按钮上半部分，取消勾选选项栏"在放置时进行标记"前的复选框，光标移动至楼梯间和电梯间填充房间，右键"取消"结束房间的添加（如图 3-42 所示）。

选择刚刚添加的楼梯间的房间填充，单击"属性"按钮，在打开的"属性"对话框，修改房间名称为"楼梯间"，并确定关闭对话框。同样的方法将电梯间的房间名称修改为"电梯井"（如图 3-43 所示）。

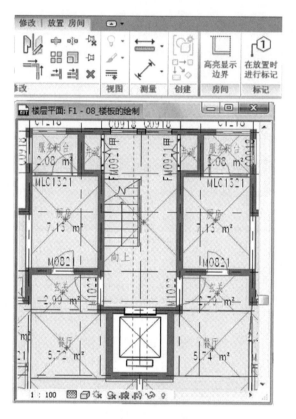

图 3-42　添加房间

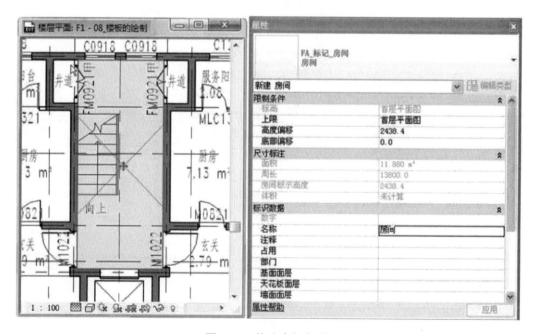

图 3-43　修改房间名称

按 Ctrl 多选刚刚绘制的：楼梯、扶手、电梯、楼梯间房间填充、电梯井房间填充等构件（如图 3-44 所示），单击"选择多个"选项卡→"修改"面板→"复制"工具，光标在绘图区域单击楼梯左侧墙面任意位置，如角点为复制参照点，水平向右移动至右侧楼梯间与左侧墙面相同位置单击，完成水平向右复制（如图 3-45 所示），完成后保存文件。

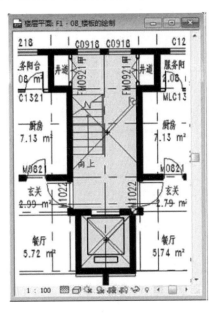

图 3-44　选择构件

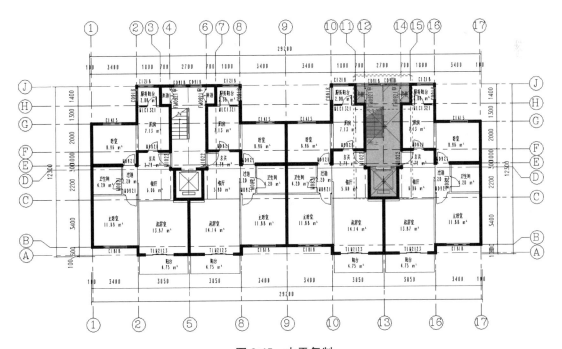

图 3-45　水平复制

5. 添加颜色方案

打开平面视图 F1，为了快速的为轴网添加尺寸标准，需要单击"建筑"选项卡→"构建"面板→"墙"工具，单击"绘制"面板→"矩形"工具，从左上至右下绘制如图 3-46 所示的矩形墙体，保证跨越所有轴网，绘制完成后右键"取消"结束墙体绘制。

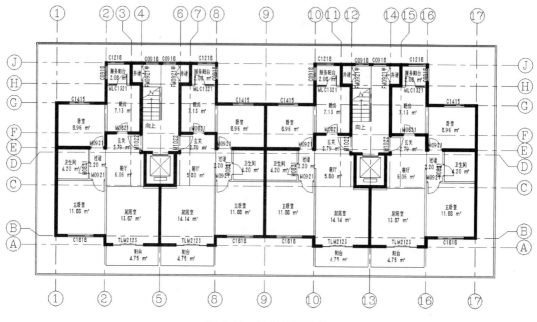

图 3-46　绘制矩形墙体

单击"注释"选项卡→"尺寸标注"面板→"对齐"命令，设置选项栏拾取后的选项为"整个墙"，单击"选项"按钮，在弹出的"自动尺寸标注选项"对话框中按图 3-47 设置，勾选"洞口""宽度""相交轴网"选项（如图 3-47 所示）。

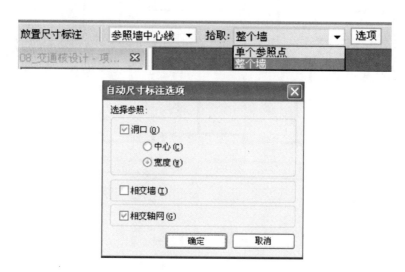

图 3-47　设置"自动尺寸标注选项"

光标在绘图区域，移动到刚刚绘制的矩形墙体的一面上单击将创建整面墙以及与该墙相交的所有轴网的尺寸标注，在适当位置单击放置尺寸标准（如图 3-48 所示）。

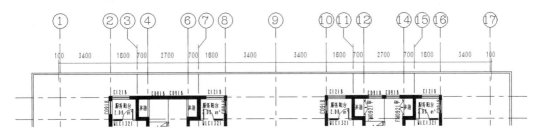

图 3-48　设置尺寸标准

同样的方法借助矩形墙体标注另外三面墙体的轴网（如图 3-49 所示）。

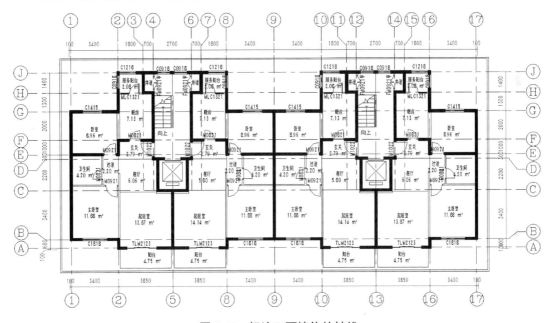

图 3-49　标注三面墙体的轴线

单击"建筑"选项卡→"房间和面积"面板→"图例"工具，光标移动至绘图区域适当位置单击放置图例，在弹出的"选择空间类型和颜色方案"对话框中单击"确定"，完成了为房间添加了颜色方案的操作（如图 3-50 所示）。

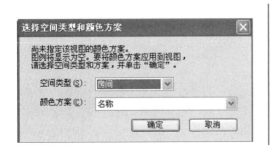
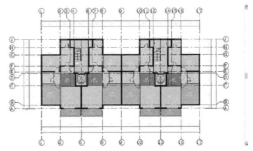

图 3-50　添加颜色

选择上图中的图例，单击下方蓝色夹点可以修改图例的排列（如图 3-51 所示）。

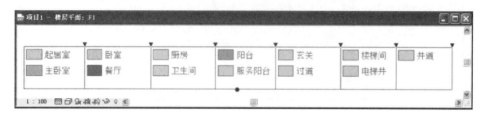

图 3-51　修改图例的排列

选择图例，单击"修改颜色填充图例"选项卡→"方案"面板→"编辑方案"工具，在弹出的"编辑颜色方案"对话框中设置"颜色"下的选项为"名称"，即依据不同房间名称设置不同的房间颜色填充。选择行可以通过下图中"向上移动行"和"向下移动行"来调整图例位置（如图 3-52 所示）。

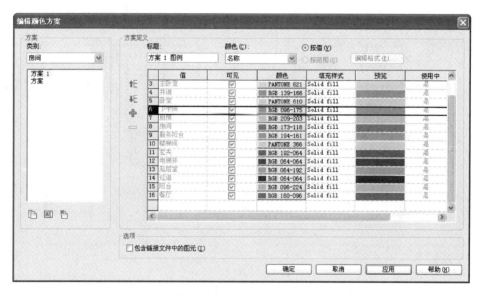

图 3-52　调整图例位置

6. 生成房间明细表

单击"视图"选项卡→"创建"面板→"明细表"→"明细表/数量"，在弹出的"新建明细表"对话框中选择类别"房间"，将"名称"修改为"FA＿房间明细表"并确定（如图 3-53 所示）。

在弹出的"明细表属性"对话框中按 Ctrl 键选择多个可用字段"合计""名称""标高""面积"，单击"添加"按钮，并使用下方按钮"上移""下移"调整字段顺序（如图 3-54 所示）。

切换到"排序/成组"选项卡，选择"排序方式"为"标高"，并勾选"页眉"前的复选框；第一个"否则按"后的选项选择"名称"；第二个"否则按"选择"面积"，并取消勾选"逐项列举每个实例"前的复选框，即：合并处于同一标高，房间名称和面积相同的行（如图 3-55 所示）。

图 3-53　修改房间名称

图 3-54　调整字段顺序

图 3-55　排序/成组

切换到"格式"选项卡，选择"标高"字段，勾选右下角"隐藏字段"前的复选框。确定后完成明细表的创建（如图 3-56 所示）。

图 3-56 完成"明细表"的创建

在项目浏览器上展开"明细表/数量"前的"+"，在刚刚创建的明细表"FA ＿ 房间明细表"上右键，在弹出的快捷菜单中单击"复制视图"→"复制"，打开的"副本：FA ＿ 房间明细表"上单击表格标题，输入新标题"FA ＿ 面积明细表 A"，并在明细表上右键单击"属性"，在弹出的"属性"对话框中单击"排序/成组"后的"编辑"按钮（如图 3-57 所示）。

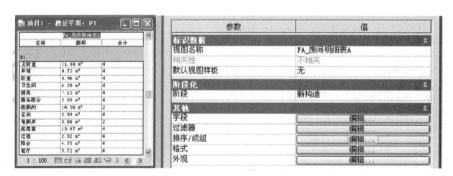

图 3-57 选择"明细表"编

在弹出的"明细表属性"对话框中勾选下方"总计"前的复选框，并选择"仅总数"选项作为总计的内容（如图 3-58 所示）。

图 3-58 选择"仅总数"

切换到"格式"选项卡，选择字段"面积"，勾选右下角"计算总数"前的复选框；选择"合计"字段，同样勾选"计算总数"选项，两次确定观察编辑后的明细表（如图

3-59 所示），完成后保存文件。

图 3-59　检查后保存文件

3.3　性能分析

利用 BIM 技术，建筑师在设计过程中赋予了所创建的模型大量的信息（几何信息、材料信息、构件信息等），只要将 BIM 模型导入到相关性能分析软件，就可以得到相应的分析结果，与传统的 CAD 图纸对比，省去了专业人士大量的建模与信息输入的时间，从而减少了好多重复的工作时间，提高了设计质量与效率。

3.3.1　性能分析主要包含的内容

日照分析：建筑、小区日照性能分析，绿色建筑指标分析、太阳能计算问题。

能耗分析：对建筑能耗进行计算、评估，进而开展能耗性能优化。

光环境分析：对自然光模拟，分析方案的室内自然采光效果，通过调整建筑布局，饰面材料、围护结构的可见光透射比，进而优化建筑室内布局设计，从而打造出舒适的减少能耗的居住、办公环境。

风环境分析：有效地室外风环境。结合绿色建筑评价标准的通风要求，调整设计建筑群的总布局，从而获得良好的风环境。

噪声分析：建筑内部及外部噪声源的控制和改进。

热环境分析：对于总平面布局以及建筑遮阳、保安保温方案等进行优化，减少"热岛"效应，改善室内热舒适度。

绿色评估：规划设计方案分析与优化，节能设计与数据分析，建筑遮阳与太阳能利用，建筑采光与照明分析，建筑室内自然通风分析，建筑室外绿化环境分析，建筑声环境分析，建筑小区雨水采集和利用。

3.3.2 BIM 技术在绿色建筑初步设计阶段应用

借助 BIM 技术进行模拟项目建成后的风、光（采光、可视度）、热（温度、辐射量、日照）、声（声效、噪声）、能源（能耗、资源消耗）的外界条件，通过性能仿真模拟，可以提前检验项目方案实际使用性能，并分析评估建成后的预期运行效果，采取必要的技术措施来调整优化建筑设计，从而达到最大限度优化设计方案，使建筑达到绿色建筑评价等级的目标。

1. 风环境模拟分析优化

在初步设计阶段，自然通风模拟采用 CFD 软件中 Fluent，Star-CCM＋，Phoenics，斯维尔风环境分析软件等，自然通风模拟是从室外风环境模拟提取风压数据，然后在 BIM 软件中导出进行的通风分析的室内模型，模型的格式为 SAT 或 STL。其次在 Star-CCM＋等 CFD 软件导入 BIM 室内模型、划分计算网络并指定开口风压数据，如果考虑热压的作用，需要同时设置温度、辐射、围护结构热工等参数。最后是设置 K～E 湍流模型及相应的收敛条件，设置所有的条件后就可以进行模拟（如图 3-60～图 3-62所示）。

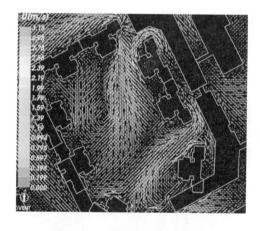

图 3-60　风速矢量图-局部放大

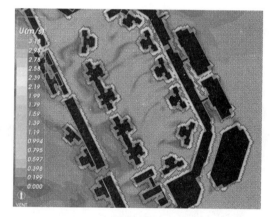

图 3-61　建筑周围网格局部加密

图 3-62　室内风速矢量图

2. 光环境模拟分析优化

自然采光模拟常用 Ecotect Analysis 软件，其软件的应用流程是首先导出 BIM 软件的 gbXML 格式的模型文件，其模型文件包含了材质以及地理位置等一系列的信息和数据；然后需要设置工作平面位置、天空模型和分析指标类型；最后展开模拟计算，也可以用斯维尔光环境分析软件。

3. 热模拟分析优化

绿色建筑初步设计阶段的热仿真分析主要包括建筑表面温度分析，表面日照辐射量分析，日照时间分析。在初步设计阶段热模拟主要用于对于总平面布局以及建筑遮阳、保安保温方案等进行优化，减少"热岛"效应，改善室内热舒适度。通常使用 Autodesk Ecotect Analysis、Ansys Fluent、斯维尔热环境分析等软件（如图 3-63 所示）。

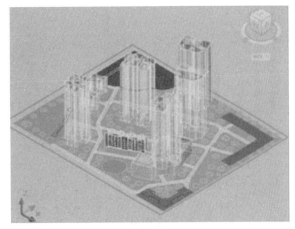

图 3-63　某小区热环境分析

4. 声环境模拟分析优化

在初步设计阶段，声环境模拟分析主要是在建筑群组受周围交通道路影响，人群嘈杂影响等噪声的环境条件下，模拟建筑几何表面的噪声分布及建筑形成的园区内部的噪声分布，通过噪声声线图、声强线图等模拟结果，可为建筑物布局的合理性，建筑物间距确定，隔声屏障设置等提供科学的设计分析依据，为优化规划设计提供指导。主要的模拟软件包括 Cadna/A，Sound PLAN，斯维尔噪声分析软件等（如图 3-64、图 3-65 所示）。

图 3-64　城区公路噪声预测

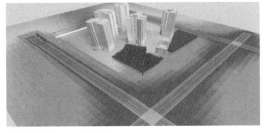

图 3-65　某住宅区噪声预测

5. 能耗模拟分析优化

在初步设计阶段，建筑方案几何形状、总平面布置朝向、遮阳系统、节能材料的使用等都会影响其能源的消耗，设计师根据这些基础数据建立建筑能源消耗分析模型，通过调整仿真模型的建筑造型、布局朝向、遮阳、窗墙比、围护结构等参数、节能材料的类别，能够快速比对方案的全年运行能耗，起到优化单体建筑设计、节约能源、降低资源消耗，减少二氧化碳的排放的指导作用。主要仿真软件有 Ecotect，Energy Plus，Design Builder，斯维尔能耗分析软件等（如图 3-66、图 3-67 所示）。

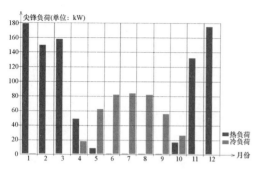

图 3-66　全年负荷柱状图

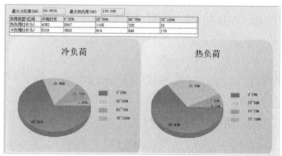

图 3-67　全年负荷统

6. 日照模拟分析优化

在初步设计阶段，建筑日照分析综合了气候区域、有效时间、建筑形态、日照法规等多种复杂因素，主要仿真软件有 Revit，Ecotect，Energy Plus，Design Builder，斯维尔日照分析软件等。

下面利用 Revit 软件，以某小区建筑在规定的日照标准日（夏至日或冬至日）进行日照情况模拟，分析计算有关量化指标。

（1）前期设置

打开一个小区的三维视图，在绘图区域左下角的视图控制栏中左键单击"模型图形样式"控制图标；选择"带边框着色"（如图 3-68 所示）。

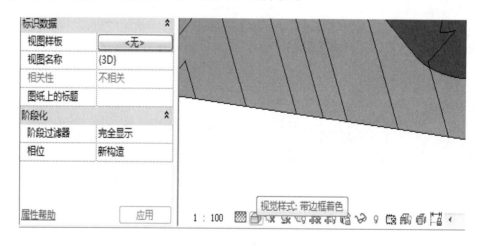

图 3-68　选择视觉样式

【注意】也可选择"着色"或"隐藏线"但不要选择"线框"。如果要控制日光亮度，请选择"着色"或"带边框着色"样式。

在视图控制栏上左键单击"关闭阴影"控制图标，然后单击"图形显示选项"打开对话框。勾选"日光和阴影"栏下的"投射阴影"选项，将"日光"和"阴影"亮度都修改为 50，以达到适中的阴影效果（如图 3-69 所示）。

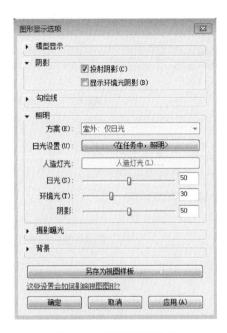

图 3-69　图形显示选项

　　单击"日光位置"后面的矩形"浏览"图标，打开"日光和阴影设置"对话框。在对话框中，单击"静止""一天"或"多天"选项卡以创建不同需要的日照分析类型（如图 3-70 所示）。

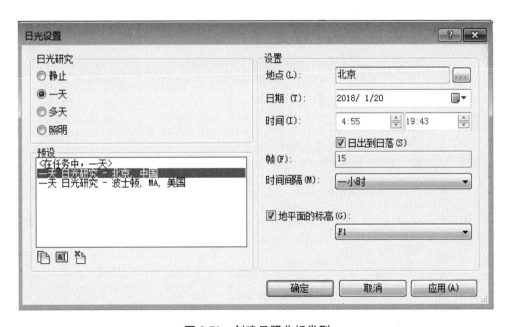

图 3-70　创建日照分析类型

（2）静态日照分析

　　在"日照和阴影设置"对话框中"名称"下选择"静止"，选择日照方案为"夏至"

（如图 3-71 所示）。

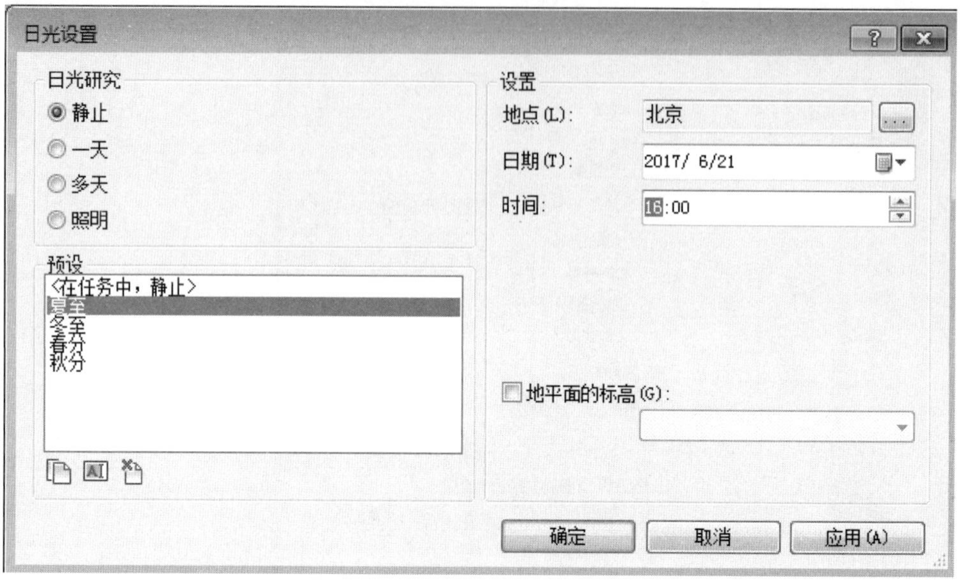

图 3-71　日光设置

在对话框右侧"设置"栏下，单击选择"按照日期、时间和地点"，再单击地点的矩形"浏览"图标打开"管理地点和位置"对话框。

在"地点"选项卡的"城市"下拉列表中选择"上海，中国"，"经度"、"纬度"参数将自动确定，单击"确定"返回"日光和阴影设置"对话框（如图 3-72 所示）。

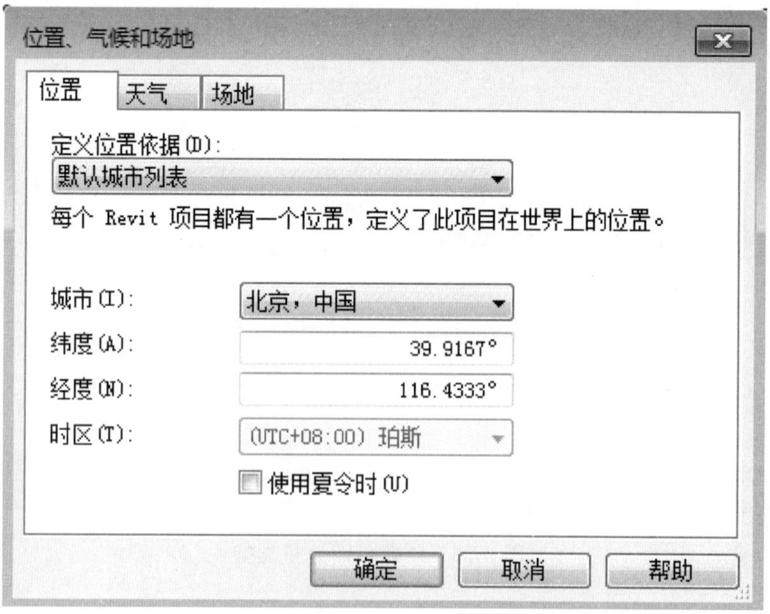

图 3-72　设置"位置、气候和场地"

在"日光和阴影设置"对话框中单击"日期和时间"的日期"2017-7-28"中的键盘输入"6"，单击"28"键盘输入"21"（也可单击日期后的下拉箭头选择日期为"2008-6-21"）。

同样方法设置时间为"16：00"，取消勾选"地平面标高"单击"确定"。

注意：如果设置时间地理位置的真实阴影，建议选择"按日期、时间和地点"进行设置。"地平面的标高"是指阴影投射面，勾选后 Revit 会在二维和三维着色视图中在指定的标高上投射阴影。清除"地平面的标高"时，Revit 会在地形表面（如果存在地形表面）上投射阴影。

如图 3-73 所示，在"图形显示选项"对话框中勾选"为着色显示使用日光位置"，单击"确定"关闭对话框。观察阴影效果，保存文件（如图 3-74 所示）。

图 3-73　应用该设置

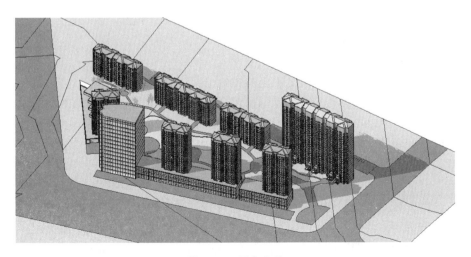

图 3-74　保存文件

【注意】打开阴影后会发现软件反应速度明显降低，因此，如无必要请不要在开启阴影的状态下操作。

（3）一天日照分析

打开三维视图，左键单击视图控制栏的"打开阴影"图标，单击"图形显示选项"命令打开"图形显示选项"对话框。

单击"日光位置"后的矩形"浏览"图标，打开"日光和阴影设置"对话框，单击对话框左侧的"一天"选项卡（如图 3-75 所示）。

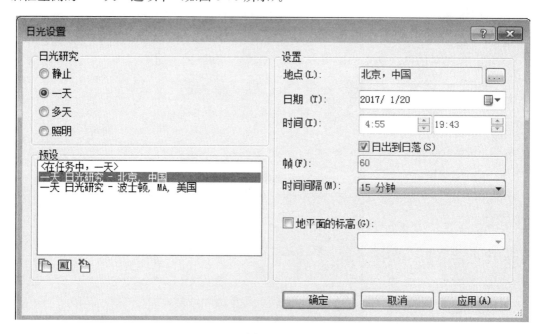

图 3-75　选择"一天"选项卡

默认的阴影方案名称为"在任务中，一天"，选择该方案后单击下方的"一天日光研究-北京，中国"单击"确定"返回"日光和阴影设置"对话框。

单击右边"设置"下"地点"后的矩形"浏览"图标，打开"管理地点和位置"对话框，在"城市"下拉列表中选择"北京，中国"，单击"确定"。

修改默认日期"2006-2-16"为"2017-1-20"。

默认情况下"日出到日落"处于被选择的状态，时间范围自动定义为当天日出日落时间。取消勾选"日出到日落"，时间范围可自定义设置，将时间范围改为"08：00"～"18：00"。

单击"时间间隔"后的下拉箭头，选择阴影变化的时间间隔为"15 分钟"。

取消勾选"地平面标高"，设置结果如图（图 3-76）所示。单击"确定"回到"图形显示选型"对话框，勾选"投射阴影"选项，单击"确定"完成设置。

单击绘图区域左下角"视图控制"栏的"打开阴影"图标，选择"日光研究预览"命令（如图 3-77 所示）。

选项栏出现如图（图 3-78）的动画编辑和播放工具。单击"播放"按钮即可预览阴影在设置时间 8：00～18：00 直接每隔 15 分钟的阴影变化。保存文件。

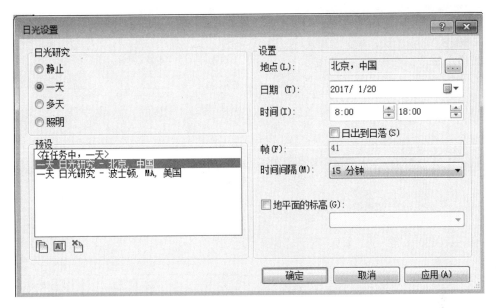

图 3-76　完成设置

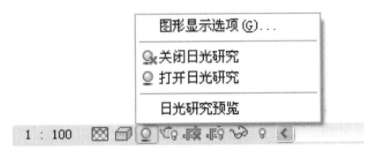

图 3-77　"日光研究预览"

图 3-78　"播放"阴影变化

（4）多天日照分析

展开项目浏览器"三维视图"项，双击视图名称"3D"，打开三维视图。

单击视图控制栏的"打开阴影"图标，单击"图形显示选项"，打开"图形显示选项"对话框。

单击"日光位置"后的矩形"浏览"图标，打开"日光和阴影设置"对话框，单击对话框左侧的"多天"选项卡（如图 3-79 所示）。

默认的多天阴影方案名称为"在任务中，多天"，选择该方案下方的"多天日光研究-北京，中国"，单击"确定"返回"日光和阴影设置"对话框。

单击右侧"设置"栏下"地点"后的矩形"浏览"图标，打开"管理地点和位置"对话框，在"城市"下拉列表中选择"北京，中国"，单击"确定"。

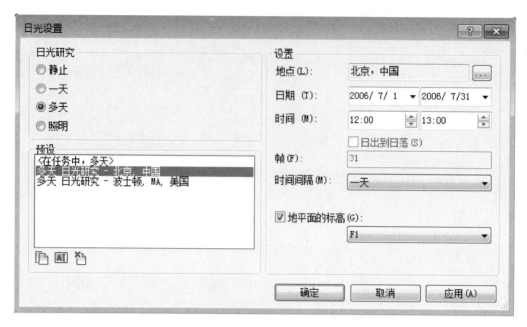

图 3-79　选择"多天"选择卡

修改默认"日期"值"2006-7-1"～"2006-3-31"为"2017-1-1"～"2017-1-31"。

修改默认"时间"值"12：00"～"16：00"为"8：00"～"18：00"。设置"时间间隔"为"一天"。

取消勾选"地平面的标高"；设置结果如图（图 3-80），单击"确定"回到"图形显示选项"对话框，勾选"投射阴影"选项，单击"确定"完成设置。

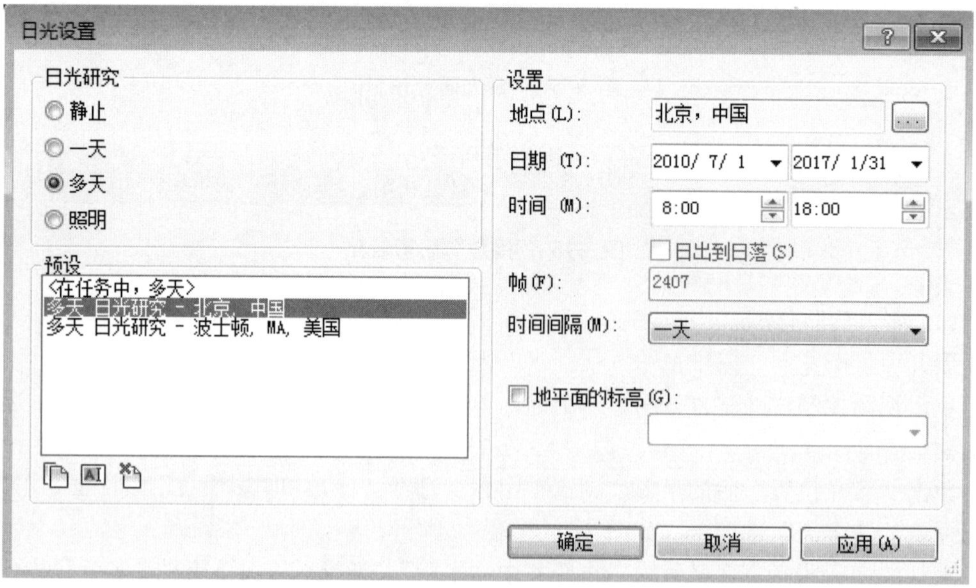

图 3-80　设置数值

单击"视图控制"栏的"打开阴影"图标，选择"日光研究预览"。单击选项栏的

"播放"按钮即可预览阴影的变化过程。

（5）导出日照分析动画

1）导出为 AVI 动画

打开三维视图，单击视图控制栏的"打开阴影"图标，单击"图形显示选项"命令，打开"图形显示选项"对话框，确保勾选"投射阴影"选项，单击"日光位置"后的矩形"浏览"图标，打开"日光和阴影设置"对话框，确保对话框左侧的选项卡选择"一天"，单击选择下面的方案"一天日光研究—北京，中国"，单击"确定"（如图 3-81 所示）。

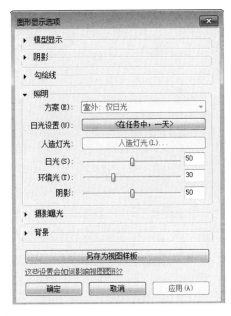

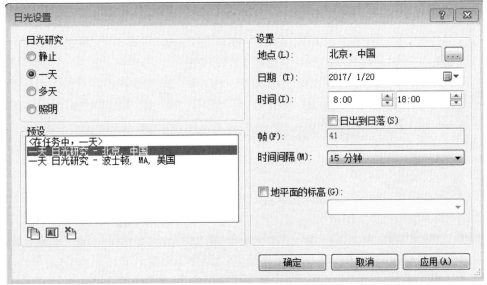

图 3-81　保存方案

【注意】如果需要导出多天日光研究动画，请确保在"日光和阴影设置"对话框左侧的选项卡选择"多天"并单击选择下面的方案"多天日光研究—北京，中国"，并"确定"。

单击"应用程序菜单"-"导出"-"图像和动画"-"日光研究"命令，弹出"长度/格式"对话框，如图（图 3-82）。将"输出长度"设为"全部帧"，"帧/秒"为"3"，"格式"的"模型图形样式"设为"〈带边框着色〉"，单击"确定"后弹出"导出动画日光研究"对话框，输入文件名，并设置路径，单击"保存"按钮。

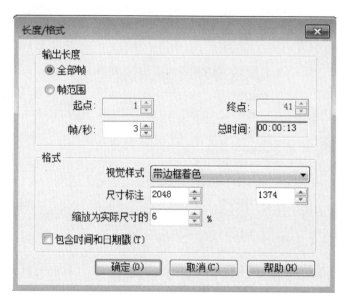

图 3-82 "长度/格式"

【注意】"帧/秒"项设置导出后漫游的速度为每秒多少帧，默认为 15 帧，播放速度会比较快，建议设置为 3~4 帧，速度将比较合适。

【注意】"导出动画日光研究"对话框中的"文件类型"默认为 AVI，但除了 AVI 还有一些图片格式，如：JPEG、TIFF、BMP、GIF 和 PNG，只有 AVI 格式导出后为多帧动画，其他格式导出后均为单帧图片（如图 3-83 所示）。

图 3-83 "AVI 文件"

弹出"视频压缩"对话框，如图（图 3-84）。默认的"压缩程序"为"全帧（非压缩的）"，产生的文件会非常大，建议在下拉列表中选择压缩模式为"Microsoft Video 1"，此模式为大部分系统可以读取的模式，同时可以减小文件大小。单击"确定"完成日光研究导出为外部 AVI 文件的操作。

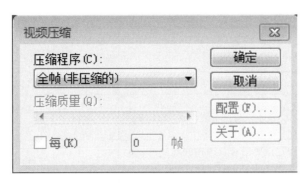

图 3-84　视频压缩

2）导出为单帧格式

在桌面上新建一文件夹"日照分析"。

单击"应用程序菜单栏"-"导出"-"动画日光研究"命令，弹出"长度/格式"对话框，单击选择"全部帧"选项，设置"帧/秒"为 3，单击"格式"栏中模型图形样式后的下拉菜单选择"带边框着色"。

单击确定后弹出"导出动画日光研究"对话框，单击对话框左侧"桌面"图标，双击打开"日照分析"文件夹，将文件保存在文件夹内。输入"动态——一天"为文件名，"保存类型"选"JEPG（＊.jpg）"。

单击"保存"Revit 开始导出一天日照分析动画为单帧的 JEPG 文件，文件名为"动态——一天 日光分析.jpg"文件。

3.4　初步设计阶段建筑模型交付深度一览表

在 BIM 设计的初步设计阶段，下面的表格参考北京市《民用建筑信息模型设计标准》（模型深度等级 1.0～2.0 级），并考虑与国际通用的模型深度等级（LOD100～LOD200）相对应，对建筑专业初步设计阶段的模型交付内容以表格的形式进行了总结，如表 3-6 所示。

建筑专业初步设计阶段模型深度等级（LOD）　　　　　　　　表 3-6

构件＼等级	几何信息等级	几何信息具体要求	非几何信息等级	非几何信息具体要求
场地	200	几何信息（形状、位置和颜色等）	200	台地、护坡构造、材料方案，水文地质对地基的处理措施及技术要求
墙	200	技术信息（材质信息，含粗略面层划分）	200	类型，名称，材质信息，含粗略面层划分，防火、防爆属性
散水	200	几何信息（形状、位置和颜色等）	200	材料材质信息

构件 / 等级	几何信息等级	几何信息具体要求	非几何信息等级	非几何信息具体要求
幕墙	200	几何信息（带简单竖梃）	200	名称，材质信息，类型选型
建筑柱	200	技术信息（带装饰面，材质）	200	类型，名称，材料和材质信息
门窗	200	几何信息（模型尸体尺寸、形状、位置和颜色等）	200	材质颜色，门窗热工性能
屋顶	200	几何信息（檐口、封檐带、排水沟）	200	屋顶采用材料材质信息，防水做法，构造信息
楼板	200	几何信息（楼板分层，降板，洞口，楼板边缘）	200	类型，名称，分层做法
天花板	200	几何信息（厚度，局部降板，准确分隔，并有材质信息）	200	类型，名称，分区划分，材质信息
楼梯（含坡道、台阶）	200	几何信息（详细建模，有栏杆）	200	构造选型，材料材质信息
垂直电梯	200	几何信息（详细二维符号表示）	200	类型、名称
电扶梯	200	几何信息（详细二维符号表示）	200	类型、名称
家具	200	几何信息（形状、位置和颜色等）	200	类型、名称

第4章　BIM 在施工图设计阶段的应用

4.1　碰撞检查

传统的 CAD 制图是以二维的形式进行的，各专业相互独立完成，这就使得图纸中存在许多意想不到的碰撞问题，采用 BIM 技术进行设计，各专业在完成各自设计任务后，利用 BIM 技术中的链接功能将本专业图纸传递到整个项目模型中去，进行协调检查与设计。

本节主要讲解利用 BIM 技术中 Revit 与 Navisworks 软件对建筑设计专业进行碰撞检查的方法。

4.1.1　Revit 碰撞检查

Revit 碰撞检查的优势在于其可以对碰撞点进行实时的修改，劣势在于只能进行单一的硬碰撞，而且导出的报告没有相应的图片信息。对于小型项目来说在 Revit 中做碰撞检查是比较方便的。下面以某小型建筑的建筑模型和结构模型为例，进行碰撞检查操作，读者可根据实际项目需要任选两个相关模型进行操作。

1. 模型导入

Revit 碰撞检查比较单一，最多只能两个项目文件进行碰撞。打开建筑模型文件，利用"链接"命令，使用"原点到原点"的定位方式，链接结构模型，进行碰撞检查（如图 4-1所示）。

图 4-1　选择文件

2. 碰撞检查

单击"协作"选项→"碰撞检查"命令，在下拉菜单中选择"运行碰撞检查"（如图 4-2所示）。

图 4-2　运行碰撞检查

在弹出的碰撞检查对话框中有两部分内容，左右两边的"类别来自"用来选择运行碰撞检查的对象。单击下拉菜单可以看到里面有当前项目和链接的模型，运行碰撞检查只能是当前项目与当前项目或其中的任一链接模型（如图 4-3 所示）。

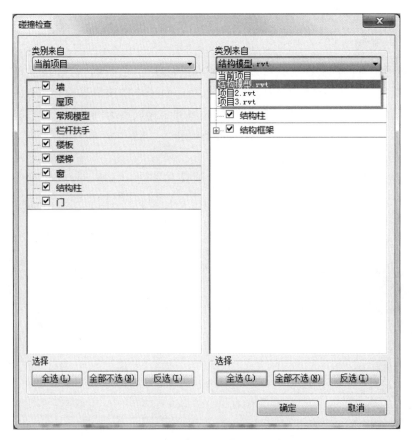

图 4-3　碰撞检查"类别来自"

选择文件和相应的构件后，运行碰撞检查。运行碰撞检查之后系统会自动弹出一个冲突报告的对话框，单击某类别，如"结构柱"展开与其碰撞点的具体信息（如图 4-4所示）。

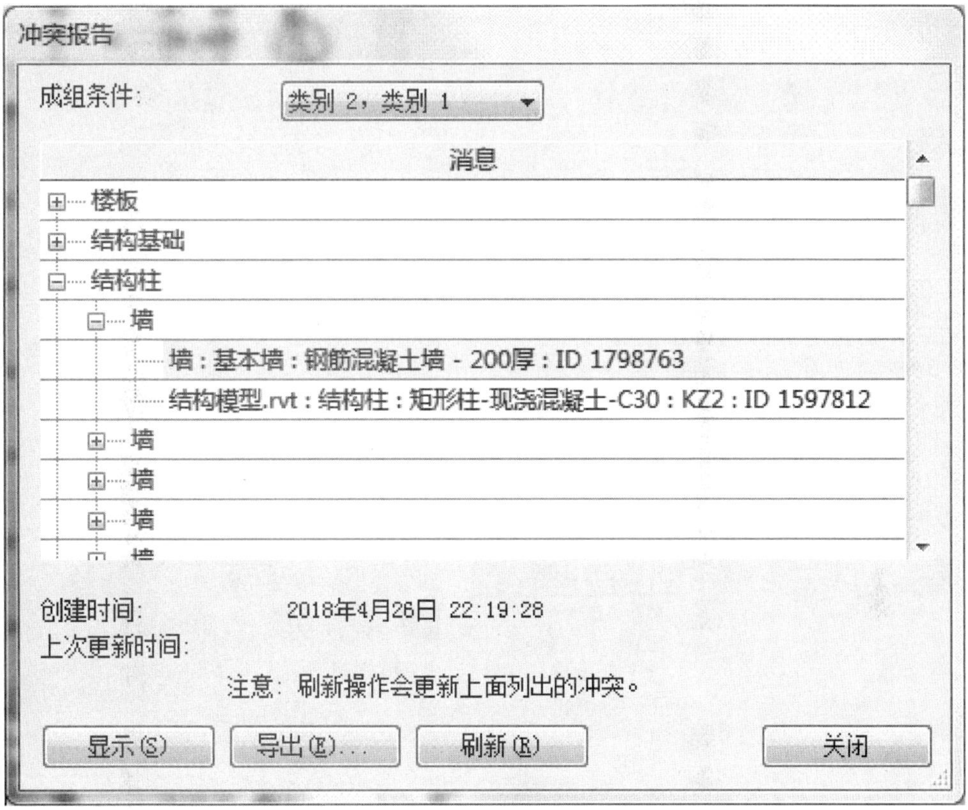

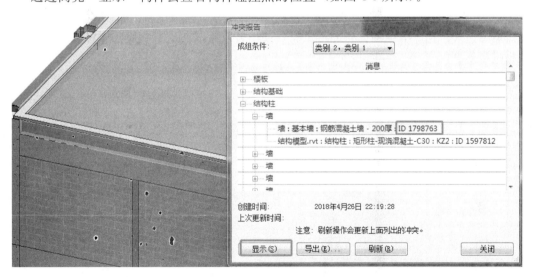

图 4-4　冲突报告

通过高亮"显示"构件去查看构件碰撞点的位置（如图 4-5 所示）。

图 4-5　查看碰撞点的位置

或通过元素 ID 号对其进行查询，单击"管理"选项卡→"查询"面板→"按 ID 选择"命令，输入上图显示的"ID"号，进行构件查询（如图 4-6 所示）。

图 4-6　构件查询

找出碰撞的原因并作相应的修改。修改完一个碰撞点之后，单击"协作"选项卡→"坐标"面板→"碰撞检查"命令，在下拉菜单中选择"显示上一个报告"（如图 4-7 所示）。

图 4-7　显示上一个报告

【注意】如果碰撞点已经修改完成，在冲突报告中该碰撞点就会自动消失，如果修改的碰撞点过多或由于其他原因碰撞点没有自动消失，可以通过"刷新"命令对模型的冲突报告进行更新。

3. 导出冲突报告

单击冲突报告下方的"导出"命令，保存格式为 . html 的报告（如图 4-8 所示）。

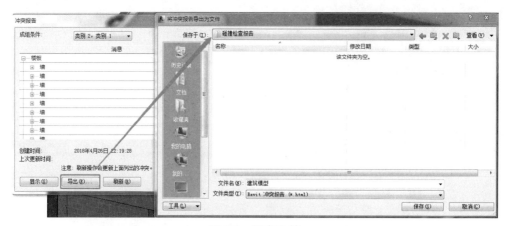

图 4-8　保存文档

导出报告的内容与 Revit 界面中的冲突报告内容一致（如图 4-9 所示）。

冲突报告

冲突报告项目文件：C:\Users\Lenovo\Desktop\教育书籍\1#商业\建筑模型.rvt
创建时间：2018年4月26日 22:19:28
上次更新时间：

	A	B
1	结构柱：构造柱-现浇混凝土-C35：200*200：ID 1708253	结构模型.rvt：结构柱：矩形柱-现浇混凝土-C30：KZ10：ID 1591060
2	墙：基本墙：外墙-保温-挤塑聚苯板-60厚：ID 1801820	结构模型.rvt：结构柱：矩形柱-现浇混凝土-C30：KZ6：ID 1592050
3	楼板：楼板：地1-细石混凝土楼地面-C15-100厚（参见12BJ1-1地48A）：ID 1713791	结构模型.rvt：结构柱：矩形柱-现浇混凝土-C30：KZ2：ID 1592459
4	楼梯：预浇注楼梯：楼梯：ID 1839006	结构模型.rvt：结构柱：矩形柱-现浇混凝土-C30：KZ3：ID 1592504
5	楼梯：预浇注楼梯：楼梯：ID 1838808	结构模型.rvt：结构柱：矩形柱-现浇混凝土-C30：KZ5：ID 1592570
6	楼梯：预浇注楼梯：楼梯：ID 1839006	结构模型.rvt：结构柱：矩形柱-现浇混凝土-C30：KZ5：ID 1592570
7	楼梯：预浇注楼梯：楼梯：ID 1838808	结构模型.rvt：结构柱：矩形柱-现浇混凝土-C30：KZ5：ID 1592625
8	楼梯：预浇注楼梯：楼梯：ID 1836104	结构模型.rvt：结构柱：矩形柱-现浇混凝土-C30：KZ7：ID 1592678
9	楼梯：预浇注楼梯：楼梯：ID 1836091	结构模型.rvt：结构柱：矩形柱-现浇混凝土-C30：KZ9：ID 1592835
10	楼梯：预浇注楼梯：楼梯：ID 1836104	结构模型.rvt：结构柱：矩形柱-现浇混凝土-C30：KZ9：ID 1592835
11	楼梯：预浇注楼梯：楼梯：ID 1836078	结构模型.rvt：结构柱：矩形柱-现浇混凝土-C30：KZ9：ID 1592926
12	楼梯：预浇注楼梯：楼梯：ID 1836091	结构模型.rvt：结构柱：矩形柱-现浇混凝土-C30：KZ9：ID 1592926
13	楼梯：预浇注楼梯：楼梯：ID 1836065	结构模型.rvt：结构柱：矩形柱-现浇混凝土-C30：KZ9：ID 1592977
14	楼梯：预浇注楼梯：楼梯：ID 1836078	结构模型.rvt：结构柱：矩形柱-现浇混凝土-C30：KZ9：ID 1592977
15	楼梯：预浇注楼梯：楼梯：ID 1836048	结构模型.rvt：结构柱：矩形柱-现浇混凝土-C30：KZ9：ID 1593013
16	楼梯：预浇注楼梯：楼梯：ID 1836065	结构模型.rvt：结构柱：矩形柱-现浇混凝土-C30：KZ9：ID 1593013
17	楼梯：预浇注楼梯：楼梯：ID 1836031	结构模型.rvt：结构柱：矩形柱-现浇混凝土-C30：KZ9：ID 1593028
18	楼梯：预浇注楼梯：楼梯：ID 1836048	结构模型.rvt：结构柱：矩形柱-现浇混凝土-C30：KZ9：ID 1593028
19	楼梯：预浇注楼梯：楼梯：ID 1834622	结构模型.rvt：结构柱：矩形柱-现浇混凝土-C30：KZ9：ID 1593045
20	楼梯：预浇注楼梯：楼梯：ID 1836031	结构模型.rvt：结构柱：矩形柱-现浇混凝土-C30：KZ9：ID 1593045
21	结构柱：构造柱-现浇混凝土-C35：200*400：ID 1708263	结构模型.rvt：结构柱：矩形柱-现浇混凝土-C30：KZ9：ID 1593060
22	楼板：楼板：地1-细石混凝土楼地面-C15-100厚（参见12BJ1-1地48A）：ID 1713791	结构模型.rvt：结构框架：钢筋砼_矩形：矩形梁-现浇混凝土-C35-250*400：ID 1593489
23	楼板：楼板：地1-细石混凝土楼地面-C15-100厚（参见12BJ1-1地48A）：ID 1713791	结构模型.rvt：结构框架：钢筋砼_矩形：矩形梁-现浇混凝土-C35-250*400：ID 1594638
24	楼板：楼板：地3-铺地砖防水地面-C15-80厚（参见12BJ1-1-地12）：ID 1834408	结构模型.rvt：结构框架：钢筋砼_矩形：矩形梁-现浇混凝土-C35-250*400：ID 1594638
25	楼板：楼板：地1-细石混凝土楼地面-C15-100厚（参见12BJ1-1地48A）：ID 1713791	结构模型.rvt：结构框架：钢筋砼_矩形：矩形梁-现浇混凝土-C35-250*400：ID 1594652
26	楼板：楼板：地1-细石混凝土楼地面-C15-100厚（参见12BJ1-1地48A）：ID 1713791	结构模型.rvt：结构框架：钢筋砼_矩形：矩形梁-现浇混凝土-C35-250*400：ID 1594810
27	楼板：楼板：地3-铺地砖防水地面-C15-80厚（参见12BJ1-1-地12）：ID 1834408	结构模型.rvt：结构框架：钢筋砼_矩形：矩形梁-现浇混凝土-C35-250*400：ID 1594810
28	楼板：楼板：地1-细石混凝土楼地面-C15-100厚（参见12BJ1-1地48A）：ID 1713791	结构模型.rvt：结构框架：钢筋砼_矩形：矩形梁-现浇混凝土-C35-250*400：ID 1594886
29	楼板：楼板：地1-细石混凝土楼地面-C15-100厚（参见12BJ1-1地48A）：ID 1713791	结构模型.rvt：结构框架：钢筋砼_矩形：矩形梁-现浇混凝土-C35-250*400：ID 1594902
30	楼板：楼板：地3-铺地砖防水地面-C15-80厚（参见12BJ1-1-地12）：ID 1834408	结构模型.rvt：结构框架：钢筋砼_矩形：矩形梁-现浇混凝土-C35-250*400：ID 1594902
31	楼板：楼板：地1-细石混凝土楼地面-C15-100厚（参见12BJ1-1地48A）：ID 1713791	结构模型.rvt：结构框架：钢筋砼_矩形：矩形梁-现浇混凝土-C35-250*400：ID 1594916

图 4-9　报告对比

【注意】在检查和"链接模型"之间的碰撞时应注意以下几点：

（1）可以检查"当前选择""当前项目"和"链接模型"之间的碰撞。

（2）可以检查"当前项目"和"链接模型"（包括其嵌套的链接模型）之间的碰撞。

（3）不能检查项目中两个"链接模型"之间的碰撞。一个类别选择了链接模型后，另一个类别无法再选择其他链接模型。

4.1.2　Navisworks 碰撞检查

1. Revit 与 Navisworks 的软件接口

（1）导出 .nwc 文件

在 Revit"附加模块"下"外部工具"内导出"Navisworks"（如图 4-10 所示）。

图 4-10　导出"Navisworks"

（2）载入 .nwc 文件

运行 Navisworks，单击"文件"→"打开"，在自动弹出的"打开"对话框中，选择需要载入的文件（按住 Ctrl 键，可一次选择多个文件）（如图 4-11 所示）。

图 4-11　载入文件

完成选择后，单击"打开"完成文件的载入。

【注意】如果没有一次性载入，则可以通过"常用"面板→"附加"命令，增加文件导入。

2. Navisworks 碰撞检查

进行碰撞检查

单击"常用"选项卡下"Clash Detective"工具。打开"Clash Detective"工具面板→"添加检测"，并为其命名，如"建筑与结构专业碰撞"（如图 4-12 所示）。

图 4-12　添加检测

弹出"Clash Detective"对话框，勾选左右两个"自相交"，选择左右框中需碰撞检查的文件或构件。点击"运行检测"开始碰撞检查（如图 4-13 所示）。

图 4-13　运行检测

单击切换到"结果"工具卡，可以查看碰撞结果（如图 4-14 所示）。

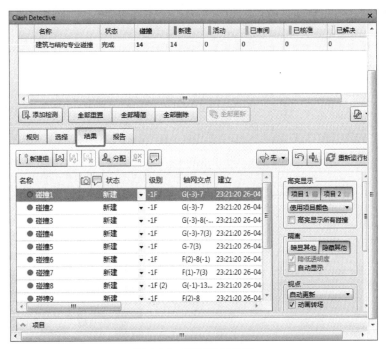

图 4-14　查看碰撞结果

单击"报告"标签，选择"报告格式"，报告格式有 5 种：XML、HTML、HTML（表格）、文本、作为视点。选择 HTML 格式，单击"写报告"在自动弹出的"另存为"对话框中，选择存放文件的位置及名称，单击"保存"，生成碰撞检查（如图 4-15 所示）。

图 4-15　生成碰撞检查

点击保存后，生成碰撞报告（包括图片和 HMTL 格式报告）（如图 4-16、图 4-17 所示）。

碰撞

Report 批处理

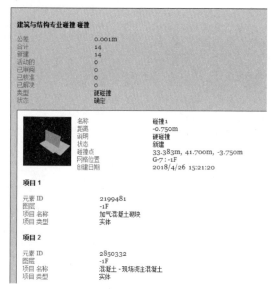

图 4-16　保存报告（HMTL 格式）

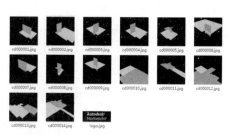

图 4-17　保存报告（图片格式）

3. 查找碰撞点位置并修改

（1）查找碰撞点位置

单击"Clash Detective"对话框中的"结果"，单击"结果"中的任意碰撞点，如"碰撞 2"，视图会自动切换至碰撞处（如图 4-18 所示）。

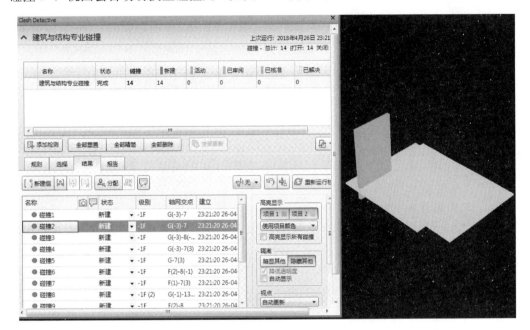

图 4-18　查找碰撞点位置

（2）修改碰撞点

模型无法在 Navisworks 软件中直接修改，需进入 Revit 软件界面，修改模型。修改完成后再返回 Navisworks 中查看碰撞点。

4.2　施工图模型深化

对于施工图模型深化的内容，基本上与传统的二维施工图没有多大区别，承接初步设计模型的基础上，进一步深化为施工模型。

下面以 Revit 为例，逐一讲解平面图、立面图、剖面图、墙身与详图大样深化的方法。

4.2.1　平面深化及出图

1. 以首层为例，平面图出图要点详见表 4-1。

平面图出图要点　　　　　　　　　　　　　　　　　　　　　　表 4-1

序号	内　　容
1	首层平面图中应画指北针（指北针指向与总图方向一致）
2	首层平面图中应有剖切号的位置及编号；雨水管位置示意

序号	内　容
3	平面图中应有三道基本尺寸线，按门窗洞口、轴线（分段总尺寸）、总尺寸顺序标注齐全
4	平面图较长时分段分区绘制，但须在各个分区图中适当位置绘制分区组合示意，并表示本分区部分编号
5	需要加说明及简单图例
6	墙体厚度及定位，内门窗洞口定位尺寸
7	所有开间尺寸必须有表示，不允许仅按照结构剪力墙布置进行轴线编号
8	各个功能空间的名称标注，注明相应的使用面积
9	注明门窗编号，并与其他图纸保持一致
10	墙体留洞，编号需注明
11	楼梯编号、定位、上下方向示意及编号索引，休息平台标高需标注
12	电梯编号及相关说明，机房留孔留洞应与设备专业统一
13	共享掏空等较大的孔洞须表示清楚
14	一些建筑部位如台阶、平台、雨篷、坡道（含残疾人坡道）、散水、明沟、院墙等做法及选用的图集号
15	外墙突出物须表示清楚，如空调板、雨篷、构架等，须标明定位尺寸、标高及排水组织
16	厨房排烟道卫生间的排风道须表示清楚，进风口应用箭头标明
17	室外地坪标高，室内楼地面标高，地下室地面标高，卫生间标高（以上标高均为完成面标高）
18	根据工程的复杂程度，可画局部放大图，以清楚表达
19	墙体内为设备专业的留孔、留洞、箱体等要注明名称、定位、标高
20	构造柱位置应按结构要求准确表达，并注明尺寸要求
21	入口台阶高度及坡度，坡道坡度及栏杆
22	防火墙等需要填充图案表示，填充图案需与图例保持一致
23	公共区域防火门、走廊、电梯厅、窗的宽度、高度注明
24	标注单元号及户型编号，要与方案一致
25	外墙保温厚度表示清楚
26	厨房、卫生间器具位置确定，示意准确
27	空调板位布置尺寸，空调位安装方式表示，评估安装难度
28	厨房排烟道卫生间的排风道表示清楚
29	台阶、坡道标注尺寸，台阶踏步宽度一致，雨篷尺寸标注
30	楼梯电梯的线型应与主墙体区分开
31	字体大小按照比例尺寸，下跃楼梯开洞尺寸确定，应标注尺寸
32	室内外有高差部分，需要用分割线标注出来
33	厨房卫生间等需降板，有高差部分，都需要用分割线标注出来表示高差
34	造型线应与墙体线型区分开
35	消火栓箱位置确定
36	卫生间应加地漏，厨房一般不加地漏，如有放置洗衣机则需添加地漏

序号	内　　容
37	首层消防楼梯与出入口大堂的关系需要表达清楚
38	散水宽度确定，剖切高度不一致需实线与虚线表示清楚
39	空调机及洞口位置确定，无需标注
40	需用架空线表示架空部分
41	电梯门及电梯用途须标注出来

2. 平面深化及出图具体操作步骤

（1）修改结构模型

下面以某小型建筑模型为例，进行图纸深化，读者可根据实际项目情况按以下步骤对模型进行处理。在建筑平面出图，需首先对结构模型进行处理：隐藏轴网等相关构件，只保留结构柱、结构墙等构件。

在"可见性/图形替换"→"过滤器"→"显示设置"→"按主体视图"，弹出"RVT链接显示设置"进行编辑。点击"基本"下"自定义"，分别进入"模型类别"和"注释类别"隐藏链接模型相关构件（如图4-19所示）。

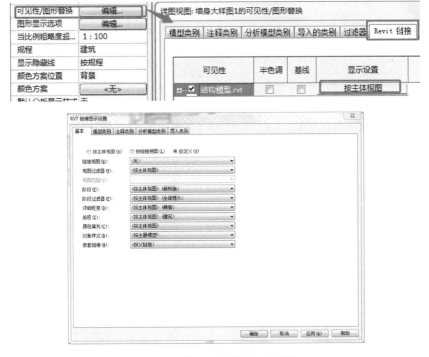

图4-19　"RVT链接显示设置"

【注意】以下所有视图都需要对结构模型进行处理，具体隐藏构件内容按项目图纸要求确定。

（2）标注三道基本尺寸线，按门窗洞口、轴线（分段总尺寸）、总尺寸顺序标注齐全；利用尺寸标注技巧，快速标注三道尺寸。

门窗洞口标注：激活尺寸标注命令，设置尺寸标注"选项"，点击墙体进行标注。

尺寸标注"选项"设置具体如下：单击"选项"按钮，弹出"自动尺寸标注选项"对话框，勾选"洞口"下"宽度""相交墙""相交轴网"选项（如图 4-20 所示）。

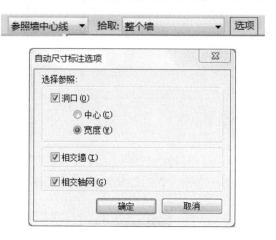

图 4-20 "自动尺寸标注"设置

轴线（分段总尺寸）标注：在建筑轮廓外绘制一圈墙体，激活尺寸标注命令，设置尺寸标注"选项"，点击墙体进行标注，完成后删除墙体。尺寸标注"选项"设置具体如上述步骤。标注完成后如图 4-21 所示。

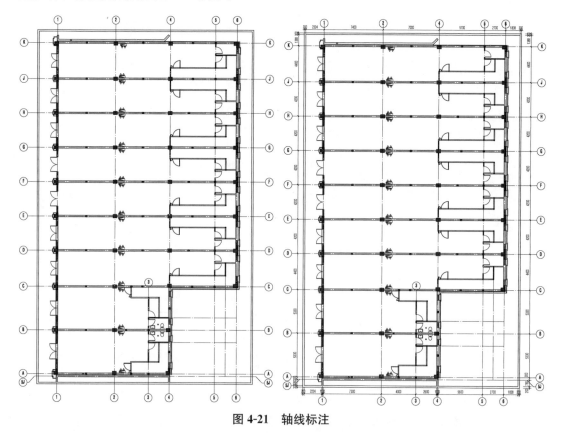

图 4-21 轴线标注

　　总尺寸标注：激活尺寸标注命令，设置"拾取"→"单个参照点"，完成标注。

　　其他细节尺寸标注：如墙体厚度，开间进深尺寸等细部尺寸，使用"单个参照点"依次进行标注。

　　平面图中三道基本尺寸线，尺寸完成后如图 4-22 所示。

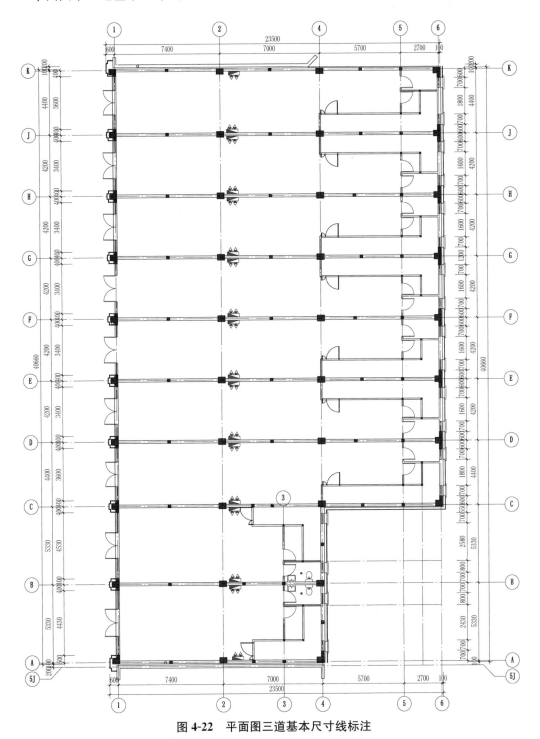

图 4-22　平面图三道基本尺寸线标注

（3）房间标记：添加房间和房间标记。添加房间时，注意激活"在放置时进行标记"（如图 4-23 所示），放置所有房间，并注意修改房间名称。

图 4-23 房间标记

完成房间标记后如图 4-24 所示。

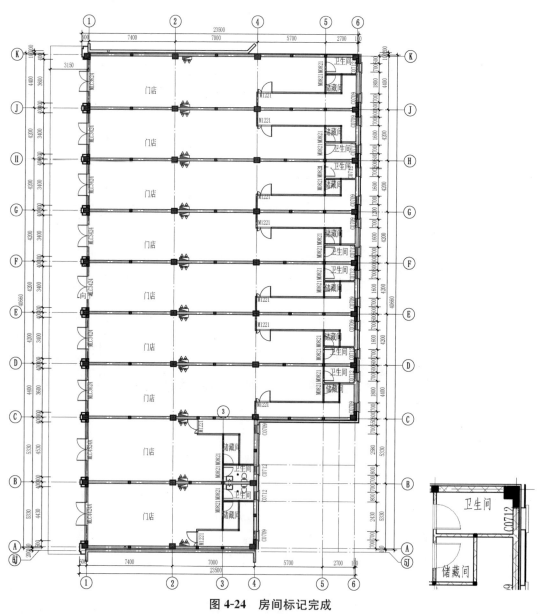

图 4-24 房间标记完成

【注意】房间标记可根据自身要求对其文字类型、文字大小、标记内容等进行编辑和设置。

（4）门窗标记，其他标记：门窗标记，其他如洞口标记、空调标记等标记内容皆可根据实际情况选择以下标记手段进行标记注释。以门窗为例讲解两种标记方式，可选择"注释"选项卡→"标记"面板→"按类别标记"和"全部标记"（如图 4-25 所示）。

图 4-25　门窗等标记

选择"按类别标记"，单个标记门窗，注意标记的位置。

选择"全部标记"，选择需要的门窗标记族，标记全部门窗，个别标记位置按图纸要求手动调整。

（5）平面视图填充：结构墙、柱等结构实体填充，建筑墙等材质填充。

在搭建模型之前，预设系统族，如选择所需材质的建筑墙体类型，绘制完成后则出现材质的填充图案。如陶粒混凝土空心砌块墙体，对应的材质和填充图案在材质库中已预设完成（如图 4-26 所示）。

图 4-26　材质和填充图案

填充图案除上述使用材质外，可通过"可见性设置"中视图"过滤器"实现填充，以结构柱为例，通过添加过滤器加填充图案：

点击"可见性/图形替换"中"过滤器"下的"编辑/新建"按钮。

单击下方"编辑/新建"按钮，在弹出的"过滤器"对话框单击左下角"新建"按钮，在弹出的"过滤器名称"对话框中输入过滤器名称"结构柱"（如图 4-27 所示）。

图 4-27 输入过滤器名称

选择"过滤器列表"中"类别"及"过滤器规则"中"过滤条件"。过滤条件根据项目实际情况确定（如图 4-28 所示）。

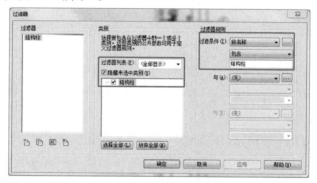

图 4-28 过滤条件的确定

确定后回到"可见性/图形替换"对话框中，单击"添加"按钮，添加"结构柱"，并确定（如图 4-29 所示）。

图 4-29 添加"结构柱"

单击结构柱后的"截面""填充图案"下的"替换"按钮，选择颜色"黑色"，填充图案"实体填充"（如图4-30所示）。

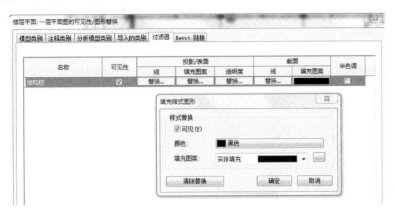

图 4-30　填充图案

【注意】此方法与修改墙体材质来实现平面实体填充相比，有所不同：材质的设置是对该图元在所有视图的显示方式的修改，即所有视图的截面均被修改为实体填充，而视图过滤器的设置只是针对当前视图的修改。

（6）添加二维符号：添加符号分为两种，一种如高程点，可以直接识别图中模型的高度；另一种直接选择符号放置。

指北针符号添加：只需要在首层平面添加。选择"注释"选项下→"符号"面板→"符号"，在属性栏所有符号类型中找到指北针符号，添加到首层平面相应的位置（如图4-31所示）。

高程点符号添加：选择"注释"选项下→"尺寸标注"面板→"高程点"，在平面楼板上拾取高程绘制。

【注意】在室外，没有楼板等可拾取的平面构件，可使用制作的高程点符号，手动添加高度。

图集索引符号添加：选择"注释"选项下→"符号"面板→"符号"，点击图集索引号，编辑文字（如图4-32所示）。

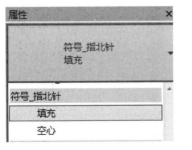

图 4-31　添加指北针

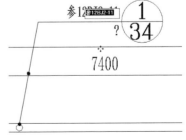

图 4-32　索引符号添加

其他符号添加：选择"注释"选项下→"符号"面板→"符号"，根据要求选择相应的符号。

（7）整理图面：隐藏辅助作图，在图纸中不需要显示的构件，如参照平面、立面符号等。通过"可见性/图形替换"，隐藏"模型类别""注释类别"和"导入的类别"。

"模型类别"隐藏：根据图纸需要隐藏构件，需注意的是，楼梯和栏杆扶手，需隐藏〈高于…〉等内容（如图 4-33 所示）。

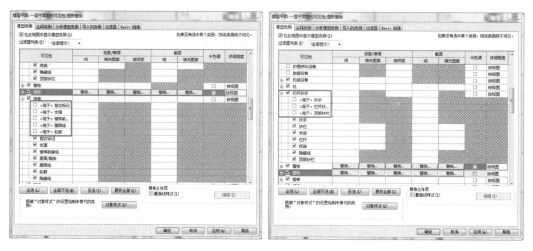

图 4-33 "模型类别"隐藏

"注释类别"隐藏：需要隐藏内容包含参照线、参照平面、立面等。

"导入的类别"隐藏：辅助项目的 CAD 图纸皆要隐藏。

（8）制作视图样板：将调整好的视图存在视图样板，或在项目开始前预设好视图样板，便于其他类似视图使用，批量调整视图。

制作视图样板操作如下：调整完视图后将该视图设置存为视图样板。选择该视图，右键单击，弹出的选择"通过视图创建视图样板"，在弹出的"新视图样板"对话框中输入视图名称"建筑平面视图"，确定后将弹出"视图样板"对话框，确定完成视图样板的创建（如图 4-34 所示）。

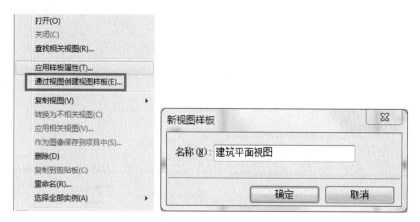

图 4-34 完成视图样板的创建

完成后的平面深化及出图（如图 4-35 所示）。

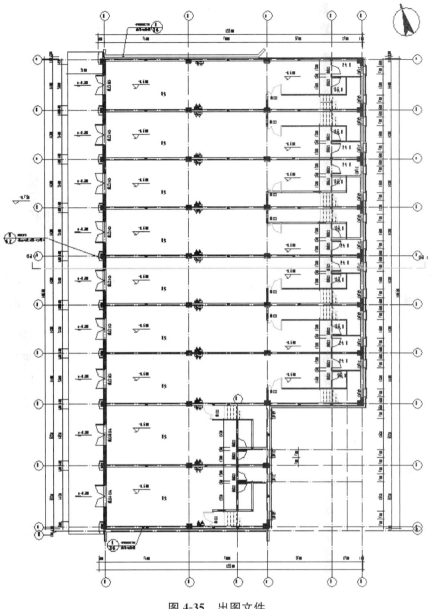

图 4-35 出图文件

4.2.2 立面深化及出图

1. 立面图出图要点详见表 4-2。

立面图出图要点 表 4-2

序号	内　容
1	按顺序标注三道基本尺寸线及标高（门窗洞口高度、层高及层数总高度）；遇有与基本尺寸线不同的门窗洞口，应注其上下口标高
2	立面转折复杂时可画展开立面图，图中除带两端轴线号外，转角处的轴线编号也应标明

序号	内　容
3	立面图应反映建筑外轮廓及主要建筑构件的位置，如女儿墙顶、檐口、柱（独立柱、壁柱）、变形缝、室外楼梯、室外空调机隔板、阳台、栏杆、台阶、坡道、花台、雨篷、线条、烟囱、勒脚、幕墙、洞口、门头、外门窗、老虎窗、屋面斜窗、雨水管以及其他建筑装饰构件、线脚和粉刷分格线等
4	其他应注标高的部位：檐口（规划控制标高和其他图纸未反映到的檐口）、女儿墙顶、室外空调机搁板、室外地坪、其他装饰构件及线脚等
5	立面门窗的分隔形式应与门窗详图一致，并显示开启扇位置，以便于审核外窗与空调机位的关系
6	标明其他图纸相关的详图索引号
7	立面材质表示清楚，外轮廓线应加粗
8	窗为内平开，开启扇应虚线表示
9	屋顶线脚应标注标高
10	墙身大样的详图索引符号

2. 立面深化及出图具体操作步骤

（1）修改结构链接模型

隐藏标高等相关构件，根据需要保留相关结构柱构件。在"可见性/图形替换"→"过滤器"→"显示设置"→"按主体视图"，弹出"RVT 链接显示设置"进行编辑。点击"基本"下"自定义"，分别进入"模型类别"和"注释类别"隐藏链接模型相关构件。

（2）添加标高及尺寸标注

添加标高。点击"注释"选项→"尺寸标注"面板→"高程点"命令，添加门窗标高。

添加尺寸标注。点击"注释"选项→"尺寸标注"面板→"对齐"命令，标注三道尺寸。门窗高度，标高高度和总高度（如图 4-36 所示）。

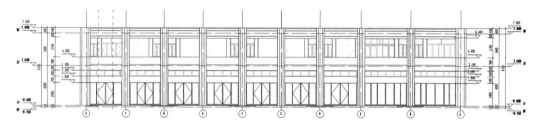

图 4-36　标高添加

处理轴线：隐藏中间轴线，保留两端。选择中间所有轴线，利用"隐藏图元"命令（快捷键 EH）；利用"隐藏编号"命令，将上方轴头隐藏（如图 4-37 所示）。

处理完成后（如图 4-38 所示）。

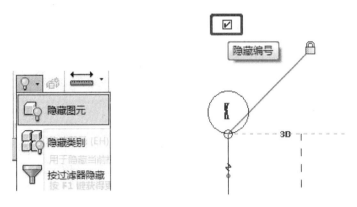

图 4-37　处理轴线

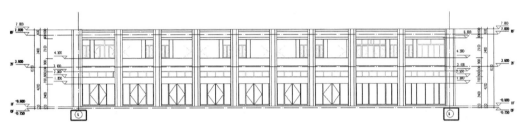

图 4-38　处理完成

添加材质标注：点击"注释"选项→"标记"面板→"材质标记" ，进行标记（如图 4-39 所示）。

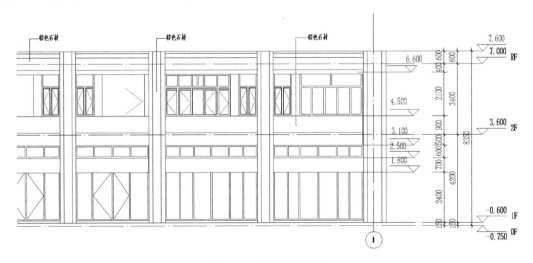

图 4-39　添加材质标注

利用"隐藏图元"命令或"可见性/图形替换"，隐藏多余的构件和线。

完成立面视图后，可创建立面视图样板，创建方式同上。

4.2.3 剖面深化及出图

1. 剖面图出图要点详见表 4-3。

剖面图出图要点 表 4-3

序号	内　容
1	按顺序标注外部三道基本尺寸线及标高（门窗洞口高度、层高及层数总高度）
2	内部尺寸包括的坑深度、隔断、门窗洞口、平台、栏杆、吊顶等。反映剖切到的轴线及轴线间尺寸
3	反映的内容包括：墙、柱、轴线和轴线编号、剖切到或可见的主要结构和建筑构件，如室外地面、楼地面、地坑、地沟、各层楼板、夹层、平台、吊顶、屋架、屋顶、出屋顶烟囱、露台、阳台、雨篷、洞口、台阶、坡道、散水及其他可见内容
4	应注明的标高：室外地面标高、室内地面（含地下室地面）、各层楼面、平台标高、屋面结构板、檐口、女儿墙顶、烟囱顶、高出屋面的水箱间、楼梯间、电梯己方的顶部标高
5	应利用图例区分混凝土结构、砌体结构、建筑做法及门窗等
6	应反映结构的特点，如主体梁板、承重墙、圈梁、楼梯梁、反梁、边梁、门窗过梁等
7	反映保温层的做法
8	对可见的室内外立面的绘制深度与立面图要求一致
9	标明节点构造详图索引号
10	标明剖切到的无轴线号的隔墙与轴线的定位关系

2. 创建剖面视图

（1）剖面符号创建：打开平面视图，点击"视图"选项卡→"创建"面板→"剖面"工具，绘制剖面线（如图 4-40 所示）。

（2）框架立面符号创建：使用"视图"选项卡→"创建"面板→"立面"工具→"框架立面"，放置框架立面符号在平面视图中（如图 4-41 所示）。

图 4-40　剖面符号创建

图 4-41　框架立面符号创建

推荐使用框架立面符号创建，剖面视图。

创建好剖面视图后，进入剖面视图界面，进行剖面深化和出图。

进入剖面视图，右击重命名视图，修改名称为"1－1 剖面"（具体名称根据图纸要求确定），点击"修改"选项卡→"属性"，按要求修改其视图比例和详细程度，点击确定完成设置（如图 4-42 所示）。

图 4-42　修改"1-1 剖面"属性

（3）修改结构链接模型

隐藏标高、轴网等相关构件，只保留结构框架（结构梁）、结构柱和结构板。在"可见性/图形替换"→"过滤器"→"显示设置"→"按主体视图"，弹出"RVT 链接显示设置"进行编辑。点击"基本"下"自定义"，分别进入"模型类别"和"注释类别"隐藏链接模型相关构件。

（4）添加标高及尺寸标注

添加标高；点击"注释"选项→"尺寸标注"面板→"高程点"命令，添加门窗标高。

添加尺寸标注；点击"注释"选项→"尺寸标注"面板→"对齐"命令，标注三道尺寸。门窗高度，标高高度和总高度。

标注内部细节尺寸和高度，如内部门高度，柱和墙的定位尺寸、内部层高等（如图 4-43 所示）。

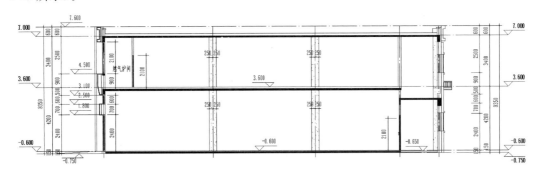

图 4-43　标注内部细节尺寸和高度

（5）标记房间及其他功能区：利用"按类别标记"和"全部标记"功能标记剖面房

间，完成后如图 4-44 所示。

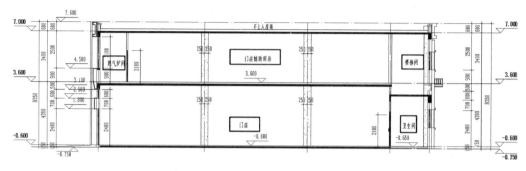

图 4-44 完成标注

（6）显示填充：设置结构楼板、结构梁等实体填充图案，如影响出图显示，则可以利用"注释"选项下→"详图"面板→"区域"菜单下→"填充区域"进行二维填充，利用"遮罩区域"命令，对不必要显示内容进行遮挡。最后达到剖面出图要求。

完成剖面视图后（如图 4-45 所示），可创建立面视图样板，创建方式同上。

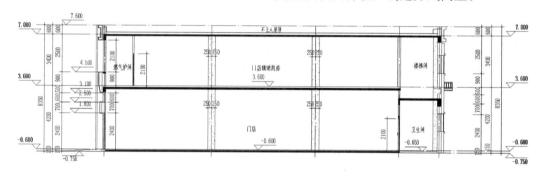

图 4-45 完成剖面视图

4.2.4 户型大样图深化及出图

以卫生间为例，进行户型大样深化和出大样图。

创建详图视图：点击"视图"选项卡→"创建"面板→"详图索引"工具，在类型选择器中选择"楼层平面：楼层平面"（如图 4-46 所示）。

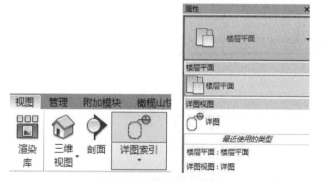

图 4-46 创建详细视图

创建好详图视图后，进入详图视图界面，进行详图深化和出图。

进入详图视图，右击重命名视图，修改名称为"一层卫生间平面图"（具体名称根据图纸要求确定），点击"修改"选项卡→"属性"，按要求修改其视图比例和详细程度，点击确定完成设置（如图 4-47 所示）。

修改结构链接模型：同平面图，隐藏轴网等相关构件，只保留结构柱构件。在"可见性/图形替换"→"过滤器"→"显示设置"→"按主体视图"，弹出"RVT 链接显示设置"进行编辑。点击"基本"下"自定义"，分别进入"模型类别"和"注释类别"隐藏链接模型相关构件。

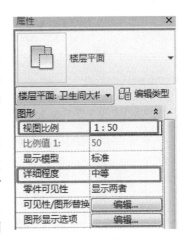

图 4-47　修改视图
比例和详细程度

使用"符号"功能，添加排水坡度箭头符号族及坡度值。

使用"符号"功能，添加图集索引符号族及索引值。

使用"符号"功能，添加剖断线符号族或使用"遮罩区域"命令绘制剖断线符号。

添加标高、尺寸标注：标注轴线尺寸及内部定位尺寸（马桶、洗手盆、地漏等定位尺寸）；注释卫生间标高。

图 4-48　取消勾选
"裁剪区域可见"

将"裁剪区域可见"取消勾选，隐藏裁剪框（如图 4-48 所示）。

完成大样图后，可创建立面视图样板，创建方式同上。

完成后如图 4-49 所示。

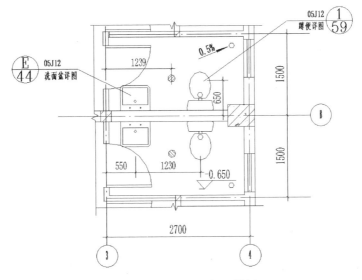

图 4-49　创建立面视图样板

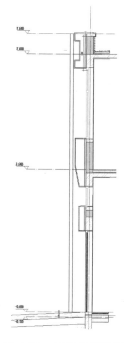

图 4-50　创建详细视图

4.2.5　墙身大样设计

1. 创建详图视图：进入立面，点击"视图"选项卡→"创建"面板→"详图索引"工具， 在类型选择器中选择"楼层平面：楼层平面"。创建后视图如图 4-50 所示。

创建好详图视图后，进入详图视图界面，进行详图深化和出图。

2. 修改结构链接模型：隐藏标高、轴网等相关构件，只保留结构框架（结构梁）和结构板。在"可见性/图形替换"→"过滤器"→"显示设置"→"按主体视图"，弹出"RVT 链接显示设置"进行编辑。点击"基本"下"自定义"，分别进入"模型类别"和"注释类别"隐藏链接模型相关构件。

进入详图视图"详图 0"修改名称为"墙身大样图 1"（具体名称根据图纸要求确定），点击"修改"选项卡→"属性"，按图示内容修改其视图比例和详细程度，点击确定完成设置（如图 4-51 所示）。

使用"符号"功能，添加剖断线符号族或使用"遮罩区域"命令绘制剖断线符号（如图 4-52 所示）。

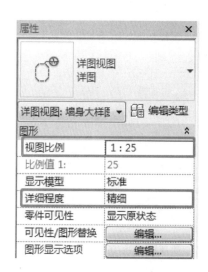

图 4-51　修改详图属性

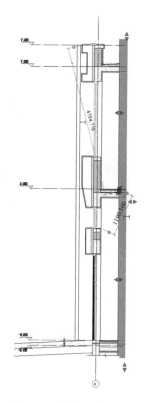

图 4-52　绘制剖断线符号

3. 细节处理

屋顶细节处理：添加墙饰条，点击"注释"选项→"详图"面板→"详图线"命令绘制墙饰条细部；同样使用"详图线"功能绘制，添加屋顶防水；利用"尺寸标注"功能，添加细节尺寸（如图 4-53 所示）。

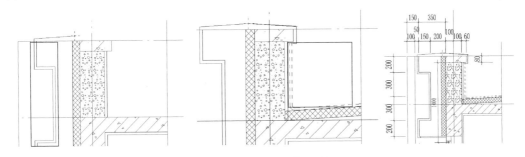

图 4-53　添加细节尺寸

【注意】使用详图线时注意"线样式"的设置，在"管理"面板→"其他设置"→"线样式"中创建"防水""保温"等，设置其线宽、线颜色及线型（如图 4-54 所示）。

类别	线宽投影	线颜色	线型图案	材质
<面积边界>	6	RGB 128-000-25	实线	
中粗线	3	黑色	实线	
保温	1	黑色	实线	
墙饰条	1	黑色	实线	
宽线	5	黑色	实线	
旋转轴	6	蓝色	中心线	
立面轮廓线	8	黑色	实线	
线	2	黑色	实线	
细线	1	黑色	实线	
边线	2	黄色	实线	
防水	1	黑色	划线 1mm	
隐藏线	2	RGB 000-166-00	隐藏	
隔热层线	1	黑色	实线	

全选(S)　不选(E)　反选(I)

修改子类别　新建(N)　删除(D)　重命名(R)

确定　取消　应用(A)　帮助

图 4-54　"线样式"设置

【注意】材质图案可预设，在材质中添加标准图案可在视图中直接使用。

中部细节处理：同上，使用"详图线"功能创建墙饰条、保温线等。多余显示的线，用"修改"选项卡→"视图"面板→"线处理"命令，选择"线样式"下的"不可见线"进行处理（如图 4-55 所示）。

处理完成后如图 4-56 所示。

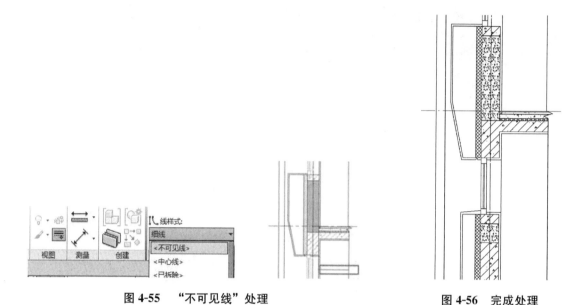

图 4-55 "不可见线"处理

图 4-56 完成处理

底部细节处理：同上，使用"填充图案"功能填充，利用"注释"选线卡→"详图"面板→"构件"→"详图构件"和"重复详图构件"命令，点击"类型属性"按钮，选择"素土夯实"（如图 4-57 所示）。

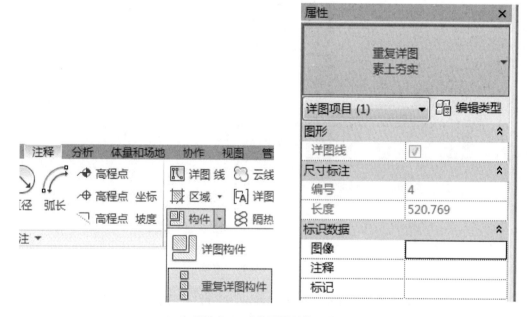

图 4-57 "类型属性"设置

创建素土填充如图 4-58 所示。

使用"符号"功能，添加图集索引符号族及索引值。使用"文字注释"族或"文字"命令标注文字（如图 4-59 所示）。

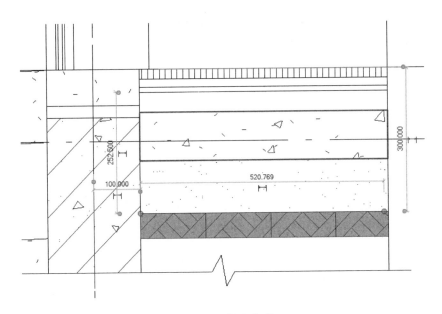

图 4-58　创建完成

添加尺寸标注：点击"注释"选项→"尺寸标注"面板→"对齐"命令，标注三道尺寸。门窗高度，标高高度和总高度（如图 4-60 所示）。

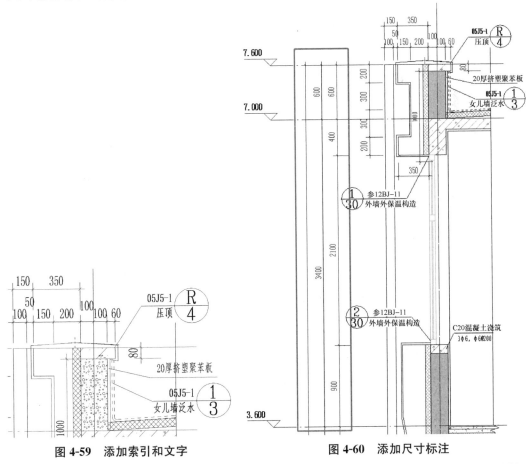

图 4-59　添加索引和文字　　　　图 4-60　添加尺寸标注

103

将"裁剪区域可见"取消勾选，隐藏裁剪框（如图 4-61 所示），完成墙身大样图后，可创建大样视图样板。

墙身大样完成后如图 4-62 所示。

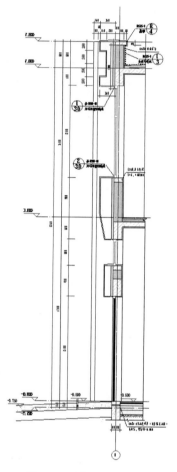

图 4-61 取消勾选
"裁剪区域可见"

图 4-62 墙身大样完成

4.3 工程量统计

基于 BIM 的工程量计算在不同阶段，存在不同应用内容。招投标阶段主要由建设单位主导，侧重于完整的工程量计算模型的创建与工程量清单的形成；施工实施阶段除体现建设单位的施工过程造价动态成本与招采管理外，更侧重于施工单位内部施工过程造价动态工程量监控、维护与统计分析，强调施工单位自身合理有效的动态资源配置与管理；竣工结算阶段，由建设单位和施工单位依据竣工资料进行洽商，最终由结算模型来确定项目最后的工程量数据。采用不同的计量、计价依据，并体现不同的造价管理与成本控制目标。

1. 扣减规则梳理

施工图图纸出图之后，工程量统计之前，对模型构件的扣减进行梳理，确保模型标准符合基本的扣减规则（如图 4-63 所示）。

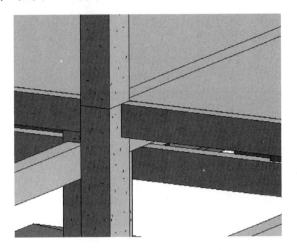

图 4-63　模型构件的扣减梳理

2. 工程量表单编制

根据国家分部分项清单制表要求，以项目编码、项目名称、项目特征、计量单位、工程量为列，可利用 Revit 提取工程量，利用其他软件或手段进行工程量表单编制。

因明细表单制作在 BIM 一级建模中已详细叙述，在此不做赘述。

4.4　施工图布图与打印

BIM 技术也具备可出图等功能，细化后的建筑设计模型可以以三维形式的展示在平台上，方便业主查看。也可以二维图纸的形式展现，即出图。下面讲解在 Revit 中布图和打印图纸。

4.4.1　施工图布图

施工图图纸布图包含以下几个关键步骤：

（1）选择合适大小的图框；

（2）创建图纸目录；

（3）添加图例及说明；

（4）布置视图；

（5）添加图名。

1. 创建图纸

图框添加：点击"视图"选项卡→"图纸组合"面板→"图纸"工具，在"新建图纸"对话框中的"选择标题栏"列表中已有的标题栏 A0、A1、A1/2、A1/4 等作为图签，如选择图签 A1，点击"确定"，完成新建图纸（如图 4-64 所示）。

【注意】可根据自身需要自行补充和扩展不同尺寸类型的图签，见表 4-4。

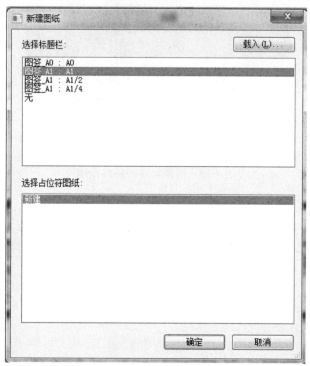

图 4-64　图框添加

图签尺寸类型　　　　　　　　　　　　　　　　　表 4-4

A0；A0+1/2；A0+1/4；A0+3/4
A1；A1+1/2；A1+1/4；A1+3/4
A2；A2+1/2；A2+1/4；A2+3/4

图纸目录：创建图纸后，在项目浏览器中"图纸"项下会自动增加图纸，如增加图纸"建施-08-未命名"，预先创建图纸目录（如图 4-65 所示）。

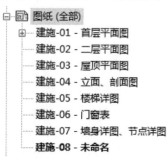

图 4-65　创建图纸目录

2. 图例视图制作

创建图例视图：点击"视图"选项卡→"图例"一侧的三角符号，在下拉菜单中点击"图例"按钮，在弹出的新图例视图对话框中输入名称，如"图例 1"选择合适的比例，如"1：50"，点击"确定"新建图例视图（如图 4-66 所示）。

图 4-66　创建图例视图

选取图例构件：进入图例视图，选择"注释"选项卡→"构件"列表下→"图例构件"，根据自身需求，选择需要的构件进行图例放置（如图 4-67 所示）。

图 4-67　选取图例构件

放置图例构件：以墙体为例，分别选择需要的墙体图例，在图中进行放置（如图4-68所示）。

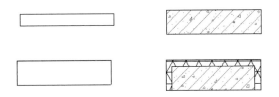

图 4-68　放置图例构件

添加图例注释：使用文字工具，按图示内容为其添加注释说明（如图 4-69 所示）。

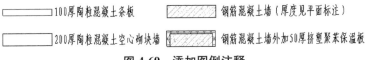

图 4-69　添加图例注释

3. 创建门窗表图纸

创建门窗表图纸（如图 4-70 所示）。

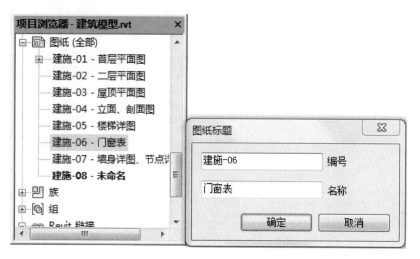

图 4-70　创建门窗表图纸

展开项目浏览器"明细表/数量"项，单击选择"窗明细表"，按住鼠标左键不放，移动光标至图纸中适当位置单击以放置表格视图，然后放置"门明细表"，最后将门窗大样图例表放入图纸中（如图 4-71 所示）。

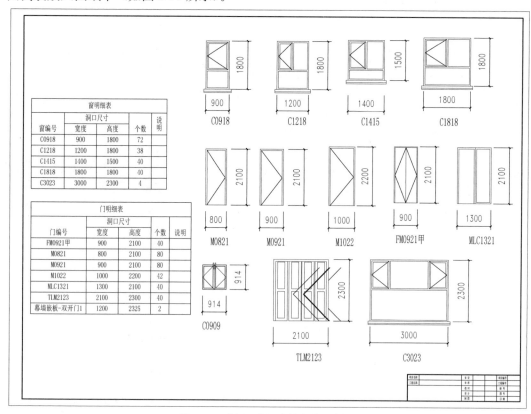

图 4-71　插入"门窗大样图例表"

【注意】现在制作门窗表可借助一些 Revit 插件，以提高效率。

4. 布置视图

创建了图纸后，即可在图纸中添加建筑的一个或多个视图，包括楼层平面、场地平面、天花板平面、立面、三维视图、剖面、详图视图、绘图视图、渲染视图及明细表视图等。将视图添加到图纸后还需要对图纸位置、名称等视图标题信息进行设置。

定义图纸编号和名称：在项目浏览器中展开"图纸"项，选择图纸，右键单击"重命名"修改图纸名称（如图 4-72 所示）。

图纸布图：打开创建好的图纸视图，找到平面视图，将视图拖拽到图纸中；同样方式将图例视图中的"图例"放入图纸中（如图 4-73 所示）。

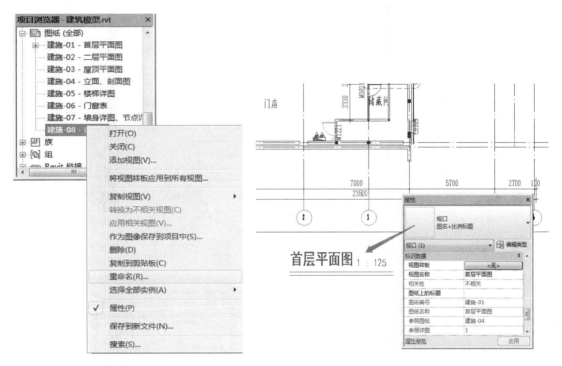

图 4-72　定义图纸编号和名称　　　　　　　图 4-73　图纸布图

添加图名：选择平面视图 F1，点击"图元属性"修改其属性中"图纸上的标题"为"首层平面图"，拖拽图纸标题到合适位置，并调整标题文字底线到适合标题的长度（如图 4-74 所示）。

【注意】修改图名需在选中视图状态下进行，且可以调整标题文字底线的长短。

调整标题的样式，控制标题中图名和比例的显示样式（如图 4-75 所示）。

完成结果如图 4-76 所示。

【注意】每张图纸可布置多个视图，但每个视图仅可以放置到一个图纸上。要在项目的多个图纸中添加特定视图，通过"复制视图"，创建视图副本，将副本布置于不同图纸上。

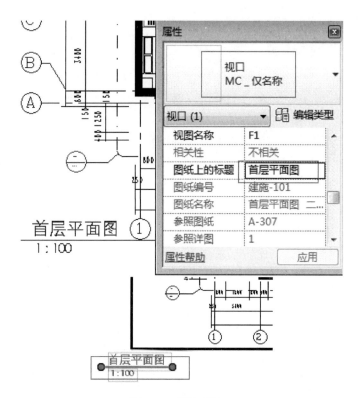

图 4-74　添加图名

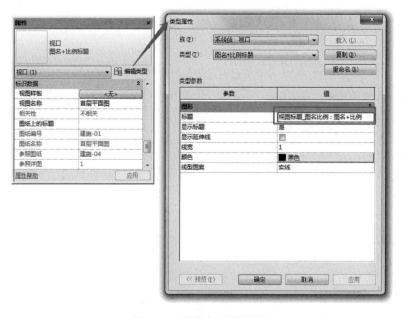

图 4-75　调整标题的样式

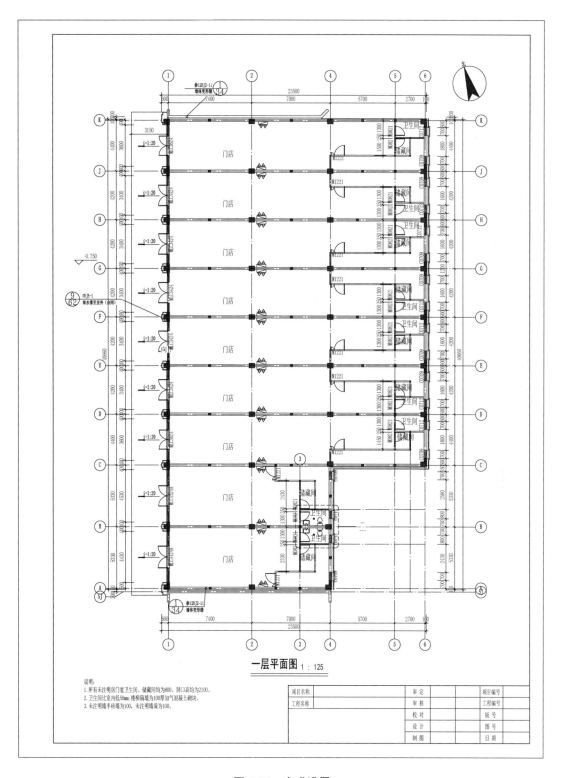

一层平面图 1 : 125

说明:
1. 所有未注明房门宽卫生间、储藏间均为800,洞口高均为2100。
2. 卫生间比室内低50mm,楼梯隔墙为100厚加气混凝土砌块。
3. 未注明墙半砖墙为100,未注明墙垛为100。

项目名称		审　定		项目编号	
工程名称		审　核		工程编号	
		校　对		版　号	
		设　计		图　号	
		制　图		日　期	

图 4-76　完成设置

5. **其他视图布置**

（1）平面、立面、剖面等所有施工图图纸的创建与布置皆可根据上述方法布置完成。

（2）除平、立、剖等视图外，明细表视图、渲染视图、三维视图等也可以直接拖拽到图纸中布图。

4.4.2 建筑图纸导出

Revit 所有的平、立、剖面、三维视图及图纸等都可以导出为 DWG 等 CAD 格式图形，而且导出后的图层、线型、颜色等可以根据需要在 Revit 中自行设置。

导出 DWG 文件：单击"应用程序菜单"→"导出"→"CAD 格式"→"DWG"文件，打开"DWG 导出"对话框（如图 4-77 所示）。

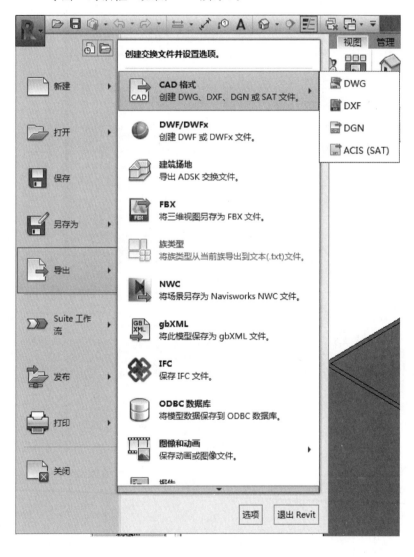

图 4-77 打开"DWG 导出"对话框

导出设置：点击"选择导出设置"后的"…"按钮（如图 4-78 所示），打开"修改 DWG/DXF 导出设置"对话框，进行标准设置，设置"图层"名称，"颜色 ID"等内容后，再导出 DWG 文件。此设置可以作为标准重复使用。

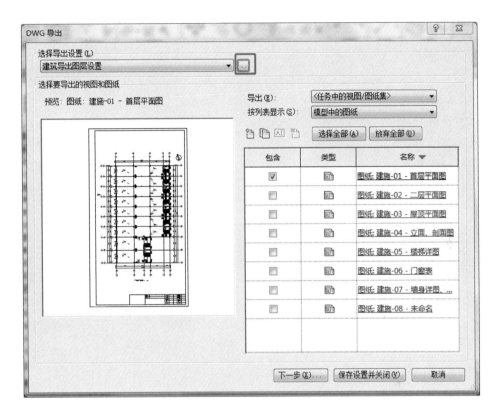

图 4-78　导出设置

【说明】

"导出图层"对话框中的图层名称对应的是 AutoCAD 里的图层名称。以轴网的图层的设置为例，默认情况下轴网和轴网标头的图层名称均为"S-GRID"，因此，导出后，轴网和轴网标头均位于图层"S-GRID"上，无法分别控制线型和可见性等属性。

单击"轴网"图层名称"S-GRID"输入新名称"AXIS"，单击"轴网标头"图层名称"S－GRIDIDM"输入新名称"PUB＿BIM"。这样，导出的 DWG 文件，轴网在"AXIS"图层上，而"轴网标头"在"PUB＿BIM"图层上，符合我们的绘图习惯。

"导出图层"对话框中的颜色 ID 对应 AutoCAD 里的图层颜色，如颜色 ID 设为"7"，导出的 DWG 图纸中该图层为白色。

导出 DWG：在"导出 CAD 格式"对话框，点击"下一步"，"保存"文件，选择相应 CAD 格式文件的版本，编写名称后即可导出（如图 4-79 所示）。

【注意】导出 CAD 时版本要统一，且最好是低版本导出，便于其他人使用。

点击"确定"，完成 DWG 文件导出设置。

图 4-79　导出"DWG"文件

4.4.3　建筑图纸打印

基于模型出施工图图纸，在 Revit 软件打印图纸。

选择"应用程序菜单"→"打印"，弹出"打印"对话框，进行设置和编辑（如图 4-80所示）。

 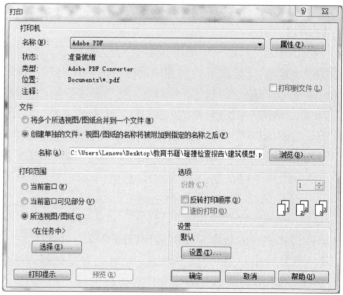

图 4-80　打印设置

"打印"对话框中→打印机"名称"下拉列表中选择指定的打印机打印或打印 PDF 文件。

单击"名称"后的"属性"按钮，弹出打印机的"＊文档属性"对话框，可以分别设置纸张横纵向、纸张颜色、页面大小等（如图 4-81 所示）。

图 4-81　Adobe PDF 设置

在"设置/默认"下点击"设置"按钮，进行"打印设置"。分别对纸张规格、尺寸、颜色、大小等内容进行设置（如图 4-82 所示）。

在"打印范围"选项区域中选择"视图/图纸集"中需要打印的图纸（如图 4-83 所示）。

根据需求选择可显示的图纸和视图，选择"图纸"，取消勾选"视图"，则可以查看所有图纸（如图 4-84 所示）。

单击"确定"按钮，选择文件位置和名称，打印图纸。

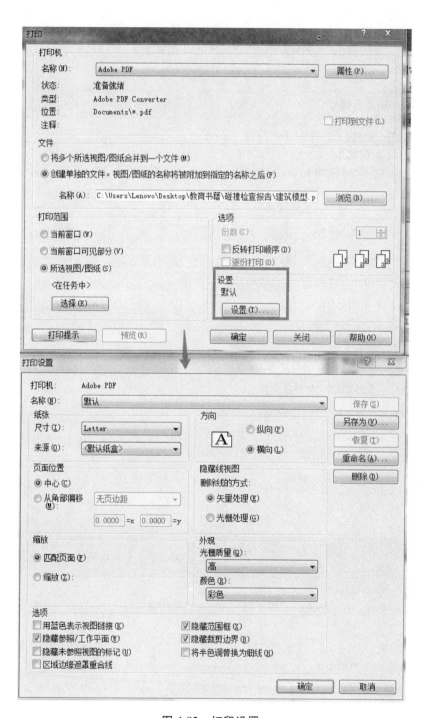

图 4-82　打印设置

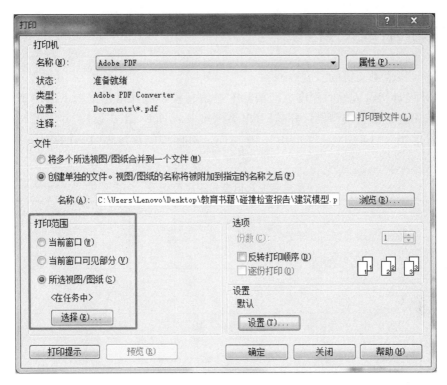

图 4-83 "打印范围"设置

图 4-84 查看图纸

4.5 建筑设计成果存档与交付

施工图阶段成果交付的深度标准

在 BIM 设计交付成果的深度标准实际上是信息模型的深度标准，下面两个表格参考北京市《民用建筑信息模型设计标准》（模型深度等级 3.0～4.0 级），并考虑与国际通用的模型深度等级（LOD300～LOD400）相对应，对模型的深度做具体的描述。见表 4-5，表 4-6。

建筑专业几何信息深度等级表　　　　　　　　表 4-5

项目	列项	内容	1.0 级	2.0 级	3.0 级	4.0 级	5.0 级
几何信息深度	1	场地：场地边界（用地红线、高程、正北）、地形表面、建筑地坪、场地道路等	√	√	√	√	√
	2	建筑主体外观形状：例如体量形状大小、位置等	√	√	√	√	√
	3	建筑层数、高度、基本功能分隔构件、基本面积	√	√	√	√	√
	4	建筑标高		√	√	√	√
	5	建筑空间		√	√	√	√
	6	主体建筑构件的几何尺寸、定位信息：楼地面、柱、外墙、外幕墙、屋顶、内墙、门窗、楼梯、坡道、电梯、管井、吊顶等		√	√	√	√
	7	主要建筑设施的几何尺寸、定位信息：卫浴、部分家具、部分厨房设施等		√	√	√	√
	8	主要建筑细节几何尺寸、定位信息：栏杆、扶手、装饰构件、功能性构件（如防水防潮、保温、隔声吸声）等		√	√	√	√
	9	主要技术经济指标的基础数据（面积、高度、距离、定位等）		√	√	√	√
	10	主体建筑构件深化几何尺寸、定位信息：构造柱、过梁、基础、排水沟、集水坑等			√	√	√
	11	主要建筑设施深化几何尺寸、定位信息：卫浴、厨房设施等			√	√	√
	12	主要建筑装饰深化：材料位置、分割形式、铺装与划分			√	√	√
	13	主要构造深化与细节			√	√	√
	14	隐蔽工程与预留孔洞的几何尺寸、定位信息			√	√	√

续表

项目	列项	内容	1.0级	2.0级	3.0级	4.0级	5.0级
几何信息深度	15	细化建筑经济技术指标的基础数据			√	√	√
	16	精细化构件细节组成与拆分的几何尺寸、定位信息				√	√
	17	最终构件的精确定位及外形尺寸				√	√
	18	最终确定的洞口的精确定位及尺寸				√	√
	19	构件为安装预留的细小孔洞				√	√
	20	实际完成的建筑构配件的位置及尺寸					√

建筑专业非几何信息深度等级表　　　　　　　　　表 4-6

项目	列项	内容	1.0级	2.0级	3.0级	4.0级	5.0级
非几何信息深度	1	场地：地理区位，基本项目信息	√	√	√	√	√
	2	主要技术经济指标（建筑总面积、占地面积，建筑层数，建筑等级、容积率、建筑覆盖率等统计数据）	√	√	√	√	√
	3	建筑类别与等级（防火类别、防火等级、人防类别等级、防水防潮等级等基础数据）		√	√	√	√
	4	建筑房间与空间功能，使用人数，各种参数要求		√	√	√	√
	5	防火设计：防火等级、防火分区，各相关构件材料和防火要求等		√	√	√	√
	6	节能设计：材料选择，物理性能、构造设计等		√	√	√	√
	7	无障碍设计：设施材质，物理性能、参数指标要求等		√	√	√	√
	8	人防设计：设施材质、型号、参数指标要求等		√	√	√	√
	9	门窗与幕墙：物理性能、材质、等级、构造，工艺要求等		√	√	√	√
	10	电梯等设备：设计参数，材质，构造、工艺要求等			√	√	√
	11	安全、防护、防盗实施：设计参数、材质、构造、工艺要求等			√	√	√
	12	室内外用料说明：对采用新技术、新材料的做法说明及对特殊建筑和必要的建筑构造说明		√	√	√	√
	13	需要专业公司进行深化设计部分，对分包单位明确设计要求，确定技术接口的深度			√	√	√
	14	推荐材质档次，可以选择材质的范围，参考价格			√	√	√

项目	列项	内容	1.0级	2.0级	3.0级	4.0级	5.0级
非几何信息深度	15	工业化生产要求与细节参数				✓	✓
	16	工程量统计信息：工程采购				✓	✓
	17	施工组织过程与程序信息与模拟				✓	✓
	18	最终工程采购信息					✓
	19	最终建筑安装信息、构造信息					✓
	20	建筑物的各设备设施及构件的维修与运行信息					✓

第 5 章　BIM 模型整合与协同

5.1　模型定位与整合

模型整合前，保证所有分模型使用统一的定位点"原点到原点"；分模型没有使用统一的定位点，则在此阶段可以通过使用"共享坐标"来统一定位点。

其共享坐标应用步骤：

1. 发布坐标

（1）使用"发布坐标"命令，能够按照当前项目文件中的坐标系重新为链接的项目文件实例定义共享坐标。

（2）选中链接项目文件的实例将当前坐标发布给链接文件，并为新的坐标位置命名"内部"，（如图 5-1 所示）。

（3）发布坐标之后，在链接文件的"属性"对话框中，从其实例参数中"共享场地"的值可以看出该实例的坐标位置位于名为"内部"的坐标位置（如图 5-2 所示）。

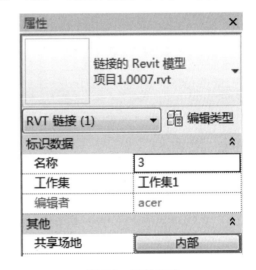

图 5-1　发布坐标　　　　　　　　　　图 5-2　属性设置

【注意】一个链接文件的共享坐标位置可以有多个，并以不同的位置名称来命名保存。

2. 获取坐标

"获取坐标"会按照链接的项目文件实例中的坐标位置重新为当前的项目文件定义共享坐标。

（1）在"管理"选项卡→"项目位置"面板→"坐标"→选择"获取坐标"选项，并选中链接项目文件的实例，按照其坐标位置重新为当前项目文件建立共享坐标。

图 5-3 属性设置

【注意】如果链接的项目文件中的共享坐标位置有多个，则不能从该链接文件中获取坐标。

（2）获取坐标后，链接文件实例的"属性"对话框中的实例参数中"共享场地"的值会由"未共享"改变为"内部"（如图 5-3 所示）。

（3）获取坐标后，链接文件实例的坐标位置并不发生改变，因此这时打开"管理链接"对话框，该链接文件的"位置未保存"复选框不会被勾选（如图 5-4 所示）。

【注意】发布坐标是把当前文件的坐标指定给链接文件，使链接文件和当前文件在同一个坐标系统内；获取坐标是将当前文件的坐标指定为链接文件的坐标，使当前文件的坐标系统和链接文件的坐标系统相同。

图 5-4 "管理链接"设置

5.2 协同工作

5.2.1 链接与管理

1. 导入文件

单击"插入"选项卡→"链接"面板→"链接 Revit"按钮，选择需要链接的 RVT 文件，选择"导入/链接 RVT"对话框中→"定位"。

"定位"选择"自动-原点到原点"，当前视图中链接文件的原点与当前文件的原点对齐（如图 5-5 所示）。

【说明】

"定位"-"自动-中心到中心"时会将链接文件的中心与当前文件的中心对齐。

"定位"-"自动-通过共享坐标"时，如果链接文件与当前文件没有进行坐标共享的设置，该选项会无效，系统会以"中心到中心"的方式来自动放置链接文件。

2. 管理链接

打开管理链接：单击"管理"选项卡→"管理项目"面板→"管理链接"按钮，弹出"管理链接"对话框，并选择"Revit"选项卡进行设置（如图 5-6 所示）。

图 5-5　定位再选择

图 5-6　"Revit"选项卡设置

设置"参照类型": 参照类型分为"覆盖"和"附着"两种。选择"覆盖"不载入嵌套链接模型(项目中不显示这些模型);选择"附着"则显示嵌套链接模型。

如图 5-7 所示,显示项目 A 被链接到项目 B 中。项目 A 的"参照类型"被设置为"在父模型(项目 B)中覆盖",因此将项目 B 导入项目 C 中时,将不显示项目 A。

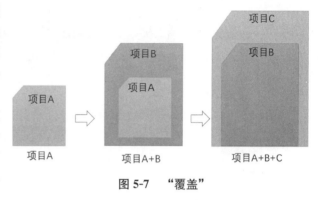

图 5-7 "覆盖"

如图 5-8 所示,如果将项目 A(位于其父模型项目 B 中)的"参照类型"设置修改为"附着",则当用户将项目 B 导入到项目 C 中时,嵌套链接(项目 A)将会显示。

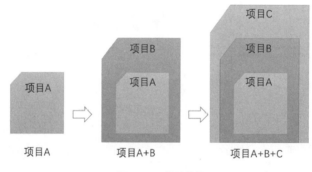

图 5-8 "附着"

设置"管理链接"中载入文件设置(如图 5-9 所示)。

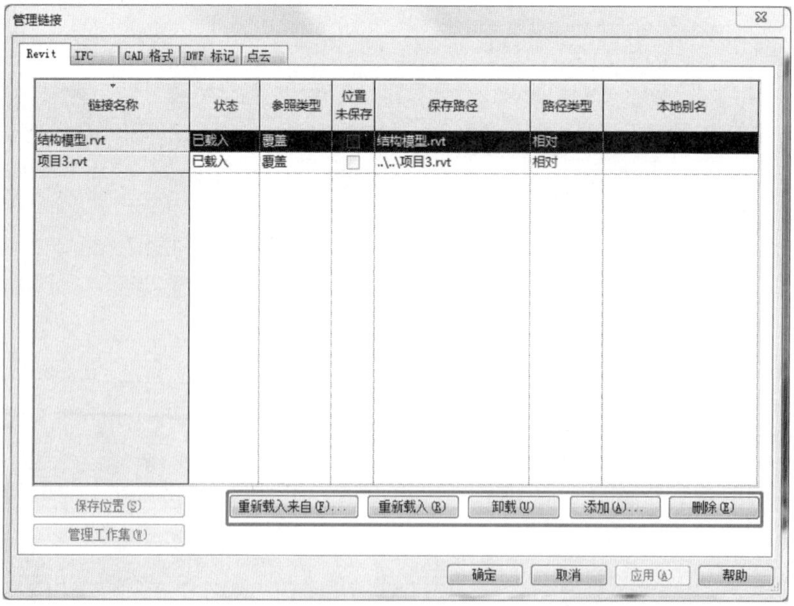

图 5-9 载入文件

"重新载入来自"：用来对选中的链接文件进行重新选择来替换当前链接的文件。

"重新载入"：用来重新从当前文件位置载入选中的链接文件以重现链接卸载了的文件。

"卸载"：用来删除所有链接文件在当前项目文件中的实例；但保存其位置信息。

"删除"：在删除了链接文件在当前项目文件中的实例的同时也从"链接管理"对话框的文件列表中删除选中的文件。

3. 绑定链接

在视图中选中链接文件的实例，并单击"链接"面板→"绑定链接"按钮，可以将链接文件中的对象以"组"的形式放置到当前的项目文件中。

在绑定时会出现"绑定链接选项"对话框，选择是否将"附着的详图""标高""轴网"带入本项目中（如图 5-10 所示）。

图 5-10　"绑定链接选项"设置

（1）设置链接视图显示

打开 Revit 链接：点击"视图"选项卡→"可见性/图形替换"按钮→"Revit 链接"项，选择要修改的链接模型，单击"显示设置"列中的按钮，在弹出的"RVT 链接显示设置"对话框中进行相应设置（如图 5-11 所示）。

图 5-11　"RVT 链接显示设置"

（2）Revit 链接设置

设置 Revtit 链接文件有三种方式，分别为"按主体视图"、"按链接视图"和"自定义"（如图 5-12 所示）。

"按主体视图"：选择此项后，链接模型设置呈灰色，不可调。嵌套链接模型会使用在主体视图中指定的可见性和图形替换设置，即链接模型同主体模型显示一致。

图 5-12 "按主体视图"

"按链接视图"：选择此单选按钮后，嵌套链接模型会使用在父链接模型中指定的可见性和图形替换设置，即现有文件会显示嵌套模型设置的视图内容。如在项目立面视图中，则可以显示嵌套模型的立面视图（如图 5-13 所示）。

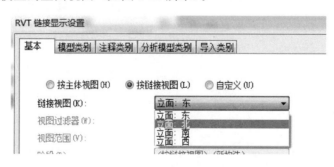

图 5-13 "按链接视图"

"自定义"：从"嵌套链接"列表中选择下列选项。"按父链接"，父链接的设置控制嵌套链接（如图 5-14 所示）。

图 5-14　"自定义"

在"模型类别"后选择"自定义"即可激活视图中的模型类别，此时可以控制链接模型在主模型中的显示情况，关闭或打开链接文件中的模型，同理，"注释类别"和"导入类别"也可以按如上方法进行处理显示（如图 5-15 所示）。

图 5-15　"注释类别"和"导入类别"的处理显示

5.2.2　工作集应用

设置工作集时，应该考虑内容：

项目大小：建筑物的大小可能会影响决定为工作组划分工作集的方式。

参与人员数量：应当每人至少有一个工作集。根据经验可知，为每个工作组成员分配的最佳工作集数量是 4 个。

人员角色：项目组人员以工作组形式协同工作，项目经理根据每个人担任的角色指定相应的功能任务。

【注意】启用工作集时请注意备份文件，一旦启用就不能再回到原来的状态，保存后的文件将覆盖前一版本，因其具有"不可逆性"。

1. 创建工作集

单击"协作"选项卡→"工作集"面板→"工作集"按钮，弹出"工作共享"对话框，在对话框中输入默认工作集名称，单击"确定"按钮启动工作集（如图 5-16 所示）。

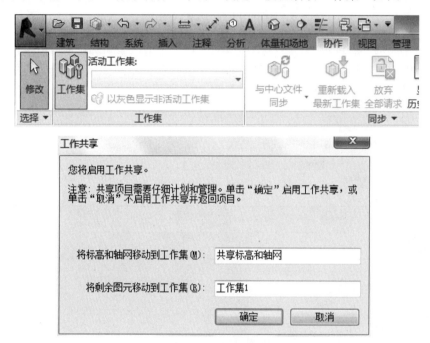

图 5-16　创建工作集

2. 创建中心文件

在启用工作集后第一次保存项目时，将自动创建中心文件。选择"应用程序菜单选择"→"文件"→"另存为"命令，设置保存路径和文件名称，单击"保存"按钮创建中心文件。

【注意】请确保将文件保存到所有工作组成员都可以访问的网络驱动器上。

3. 增加工作集

单击"新建"按钮，输入新工作集名称，选择工作集，可"重命名"或"删除"。

根据任务需要，增加工作集名称。创建完所有工作集后，单击"确定"按钮（如图 5-17 所示）。

4. 编辑工作集权限

创建了中心文件以后，项目经理必须放弃工作集的可编辑性，以便其他用户可以访问所需的工作集。

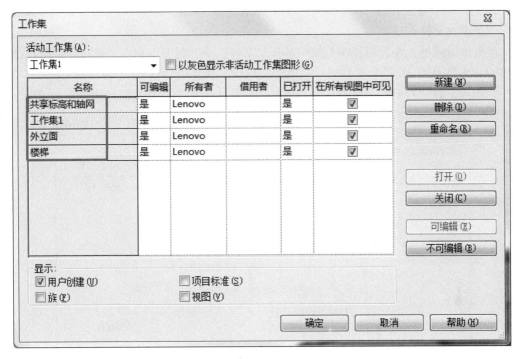

图 5-17　增加工作集

单击"协作"选项卡→"工作集"面板→"工作集"按钮，选择所有工作集，点击右侧的"不可编辑"按钮，确定释放编辑权（如图 5-18 所示）。

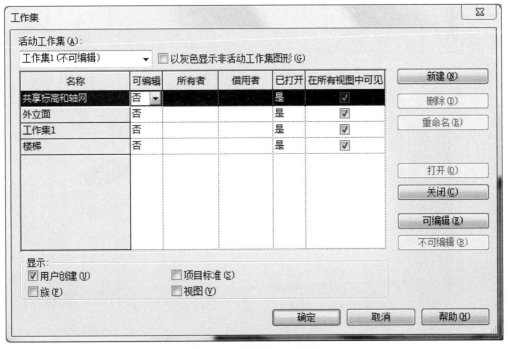

图 5-18　编辑工作集权限

5. 启用和设置工作集

创建本地文件

项目小组成员：在应用程序菜单中选择"文件"→"打开"命令，通过网络路径选择项目中心文件并打开，注意如果"选项"对话框中的用户名与之前设置的不同，如图 5-19 所示，在"打开"对话框中注意勾选"新建本地文件"复选框（如图 5-20 所示）。

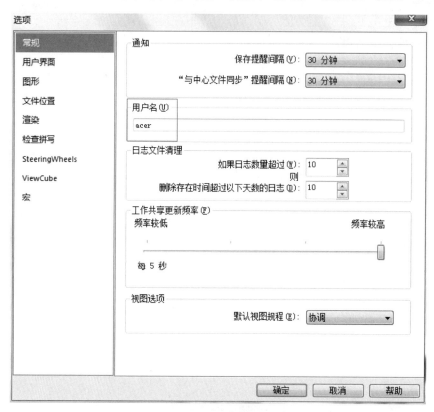

图 5-19　用户名与之前设置的不同

图 5-20　新建本地文件

在应用程序菜单中选择"文件"→"另存为"命令，在弹出的"另存为"对话框中单击"选项"按钮，在弹出的"文件保存选项"对话框中确保取消勾选"保存后将此作为中心文件"复选框，单击"确定"按钮（如图 5-21 所示）。

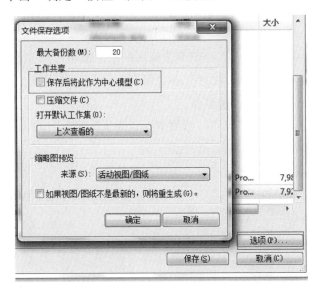

图 5-21　文件"另存为"

设置本地文件名后单击"保存"按钮。

6. 签出工作集

单击"协作"选项卡下"工作集"面板中的"工作集"按钮，选择要编辑的工作集名称，单击"可编辑"按钮获取编辑权，用户将显示在工作集的"所有者"一栏。

选择不需要的工作集名称，单击"关闭"按钮，隐藏工作集的显示，提高系统的性能（如图 5-22 所示）。

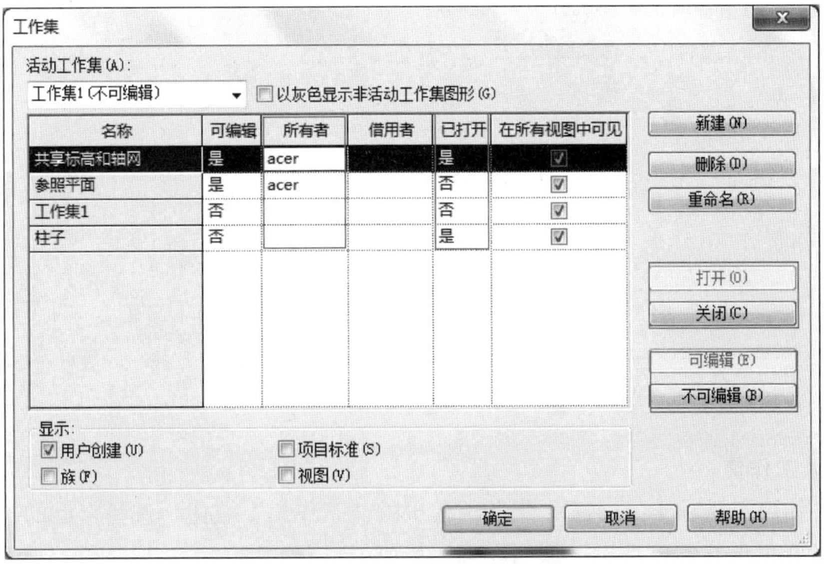

图 5-22　隐藏工作集的显示

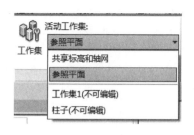

图 5-23 活动工作集

在"协作"选项卡下"工作集"面板中"工作集"后的"活动工作集"下拉列表中选择即将编辑的工作集名称，设为活动工作集，之后所添加的所有新图元将自动指定给活动工作集（如图 5-23 所示）。

7. 保存修改

单击"应用程序"按钮，在弹出的下拉菜单中选择"文件"→"保存"命令，或直接单击 ￼ 按钮保存到本地硬盘。

要与中心文件同步，可在"协作"选项卡下"同步"面板中的"与中心文件同步"下拉列表中选择"立即同步"选项。

如果要在与中心文件同步之前修改"与中心文件同步"设置，可在"协作"选项卡下"同步"面板中的"与中心文件同步"下拉列表中选择 ￼（同步并修改设置）命令。此时将弹出"与中心文件同步"对话框（如图 5-24 所示）。

图 5-24 "与中心文件同步"

8. 签入工作集

单击"协作"选项卡下"工作集"面板中的"工作集"按钮，选择自己的工作集，在对话框的右侧单击"不可编辑"按钮，确定释放编辑权。

5.2.3　与多个用户协同设计

1. 重新载入最新工作集

（1）项目小组成员间协同设计时，如果要查看别人的设计修改，只需要单击"协作"选项卡下"同步"面板中的"重新载入最新工作集"按钮即可（如图5-25所示）。

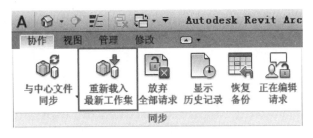

图5-25　"重新载入最新工作集"

（2）建议项目小组成员每隔1～2个小时将工作保存到中心一次，以便于项目小组成员间及时交流设计内容。

2. 图元借用

（1）默认情况下，没有签出编辑权的工作集的图元只能查看，不能选择和编辑。如果需要编辑这些图元，可在选项栏上取消勾选"仅可编辑项"复选框。选择图元出现符号 （使图元可编辑），提示用户它属于用户不拥有的工作集（如图5-26所示）。

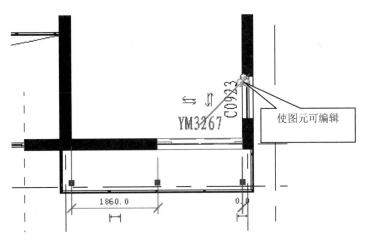

图5-26　图元可编辑

（2）如果该图元没有被别的小组成员签出：单击鼠标右键，在弹出的快捷菜单中选择"使图元可编辑"命令，则Revit Architecture会批准请求，可以编辑修改该图元。

（3）如果该图元已经被别的小组成员签出：单击鼠标右键，在弹出的快捷菜单中选择"使图元可编辑"命令，将显示错误，通知用户必须从该图元所有者处获得编辑权限。单击"放置请求"按钮向所有者请求编辑权限，提交请求后，将弹出"编辑请求已放置"对话框（如图5-27所示）。但是所有者不会收到用户请求的自动通知。用户必须联系所有者。

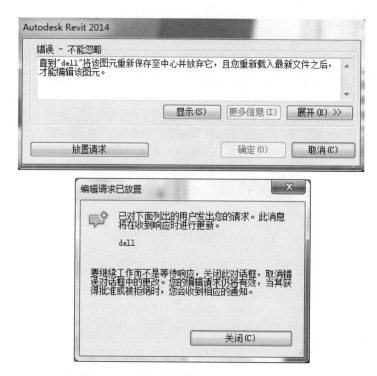

图 5-27 弹出"编辑请求已放置"对话框

（4）"dell"接到用户的通知后：单击弹出的"已收到编辑请求"对话框中的"批准"按钮赋予用户编辑权（如图 5-28 所示）。

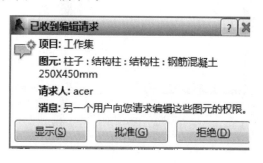

图 5-28 选"批准"

（5）如"dell"已经同意授权，此时软件将自动显示一条消息，提示用户的编辑请求已被授权，可以编辑修改该图元，借用前后图元的属性变化（如图 5-29 所示）。

（6）单击"同步"面板下的"与中心文件同步"按钮，在弹出的对话框中勾选"借用的图元"复选框，确定后保存到中心文件，并返还借用的图元（如图 5-30 所示）。

3. 管理工作集

（1）工作集备份

当保存共享项目时，Revit Architecture 会创建文件备份目录。例如，如果共享文件名为 brickhouse.rvt，Revit Architecture 将创建名为 brickhouse _ backup 的目录。在此

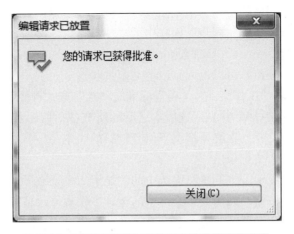

标识数据	❯		标识数据	❯
注释			注释	
标记			标记	
工作集	工作集1		工作集	工作集1
编辑者	dell		编辑者	acer

图 5-29　接受"请求"

图 5-30　保存文件

目录中可以保存每次创建的备份。如果需要，可以让项目返回到以前某个版本的状态中。

单击"协作"选项卡下"同步"面板中的"恢复备份"按钮，选择要恢复的版本，然后单击"打开"按钮。

单击"返回到"按钮，可以返回到以前某版本状态。

【注意】不能删除"工作集 1"、"项目标准"、"族"或"视图"工作集。

【警告】不能撤销返回，并且所选版本之后的所有备份版本都会丢失。在继续之前请确定是否想返回项目，并且在必要情况下保存较新的版本。

（2）工作集修改历史记录

单击"协作"选项卡下"同步"面板中的"显示历史记录"按钮，选择启用工作集的文件，单击"打开"按钮。列出共享文件中的全部工作集修改信息，包括修改时间、修改者和注释。

单击"导出"按钮，将表格导出为分隔符文本，并读入电子表格程序（如图 5-31 所示）。

图 5-31　导出电子表格

5.3　基于 BIM 模型的沟通

5.3.1　基于模型的浏览与剖切

在 Revit 中，模型有 6 种显示方式，分别为：线框、隐藏线、着色、一致的颜色、真实、光线追踪（如图 5-32 所示）根据需要选择合适的显示方式进行浏览。

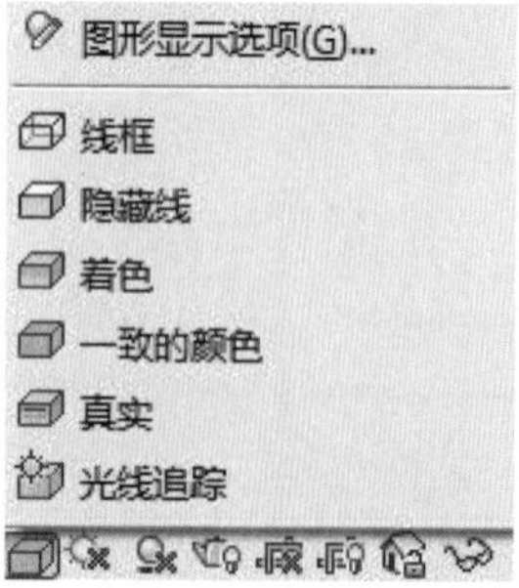

如需对特定角度的视图进行保存，则需要重要的两个步骤：1. 锁定视图；2. 复制视图（如图 5-33 所示）。

充分利用软件中"剖切"功能，查看模型内部空间和细节表达。剖切功能有两种方式：

"属性"面板上，勾选"剖面框"，通过手动分别拖拽剖面框 6 个面的箭头，实现剖切查看（如图 5-34 所示）。

右击三维视图"导航"，选择"定向到视图"，选择需要剖切的视图（如图 5-35 所示）。

图 5-32　6 种显示方式

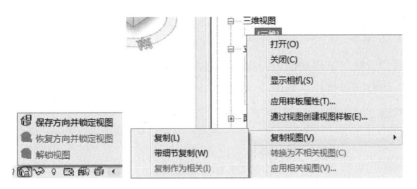

图 5-33　特定角度的视图保存

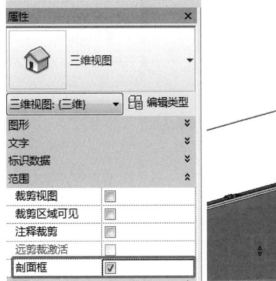
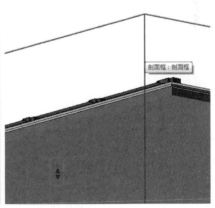

图 5-34　剖切查看

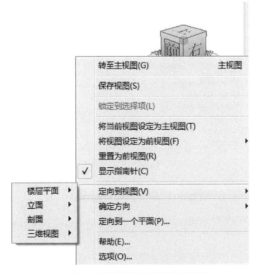

图 5-35　选择需要剖切的视图

5.3.2　基于模型进行问题标注、交流

（1）利用"云线"批注功能进行批注。选择"注释"选项卡→"详图"面板→"云线批注"命令，进行问题批注（如图 5-36 所示）。

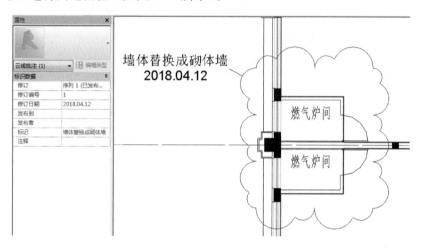

图 5-36　问题批注

（2）通过视图互相提资交流

创建提资视图：复制现有视图，重新命名视图，如"XX 提资给 XX"。

使用提资文件：链接提资专业模型文件，单击"可见性/图形替换"面板，"Revit 链接"下"按主体视图"，进入"RVT 链接显示设置"面板，选择"按链接视图"中下"XX 提资给 XX"视图，确定完成（如图 5-37 所示）。

提资视图也可以通过创建样板文件，固定提资视图模式。

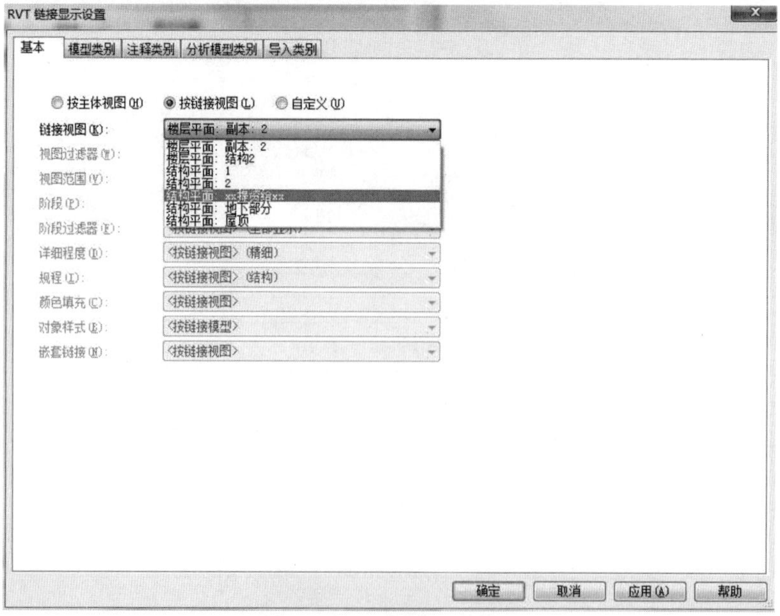

图 5-37　"按链接视图"

第6章 可视化分析与表现

6.1 BIM 模型与 3D 可视化设计

在 BIM 三维模型中完善建筑模拟与规划整合，将图面问题做妥善的澄清与规划，实质性的提升建筑项目品质（如图 6-1 与图 6-2 所示 BIM 模型与建筑效果图的对比）。

图 6-1 BIM 模型与效果图

图 6-2 BIM 模型与效果图

总结起来，模型的 3D 可视化有以下几方面的优势：

过去建筑设计主要是依赖计算机辅助设计的绘图操作系统，而未来的趋势与方向则是朝工程信息整合平台的设计操作系统发展，透过 BIM 解决方案来执行设计、检视设计，让整个工作流程更为简化，也可避免设计理念，在不同人员分工下产生图面的执行落差。建筑信息模型（BIM）解决方案将设计信息建构在单一的系统平台，更有利于大型公共工程的设计整合运用。

BIM 模型可以全方位的展示建筑设计，既可以室内，也可以室外，既可以局部，也可以整体，随意旋转与剖切，可以全面把握整体建筑的效果。

在特殊曲线造型的建筑设计上，传统 2D 图面难以精确表达整体曲线造型的三维空间复杂性，采用 BIM 参数化设计，可以直观的反映出各构件之间的连接关系，将所有工程问题在设计阶段进行最彻底的界面检视与最佳化设计，由外到内，从整体到细节，提供给客户高品质的建筑工艺。

6.2　BIM 模型的渲染与漫游

BIM 技术所设计的三维模型不仅能导出设计院所需要的二维图纸，而且也自带渲染的工具，它不仅可以定义材质，还可以利用系统软件对材质进行真实的反应，形成十分逼真的建筑效果。下面以 Revit 为例，讲解一下 BIM 模型的渲染与漫游。

6.2.1　材质库的介绍

Revit 软件中提供的材质库十分的庞大，包含了建筑所需的许多常见材质，例如混凝土、沥青、砖、石材、玻璃、草地、木材等真实材质，其渲染的效果图能够真实的表现建筑效果。除此之外，Revit 还有对每种材质都有物理性能的设定，包括材质的标识、图形、外观、物理参数的定义，能够全面的反应材料的性能（如图 6-3 所示）。对于材质的设定，因一级中有所讲解，这里就不详细阐述。

6.2.2　贴花工具

除了真实的材质之外，Revit 还提供了贴花的工具来将 2D 的图像附着在 3D 的建筑实体上，实现渲染图的丰富性和真实性。贴花在 Revit 种十分常用，通常用于广告牌，招贴画的创建等。

1. 创建贴花

创建贴花，需要打开"管理"→"项目浏览器"→"贴花类型"如图 6-4 所示。弹出"贴花类型"对话框，如图 6-5 所示。

在"贴花类型"对话框的底部单击"新建贴花"对话框，在其中输入新建贴花的名称（如图 6-6 所示）。此处选取植物作为本次贴花的名称。命名完后会自动出现（如图 6-7 所示）的贴花编辑框。

在贴花编辑框内，在"源"一栏中单击"…"，选择文件并打开所需要的图片。完成后，再对贴花的亮度、反射率、透明度、饰面、亮度、凹凸填充图案、凹凸度、剪切等相关因素进行个性化编辑。最终检查无误后单击"确定"，完成贴花的编辑

图 6-3　建筑材料

图 6-4　创建贴花

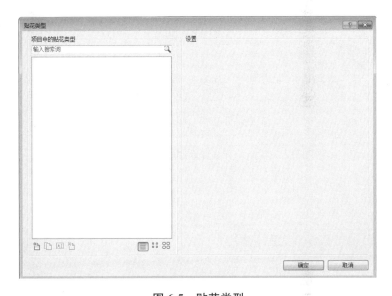

图 6-5　贴花类型

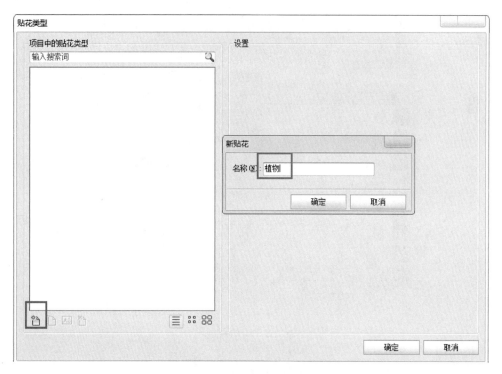

图 6-6　输入新建贴花名称

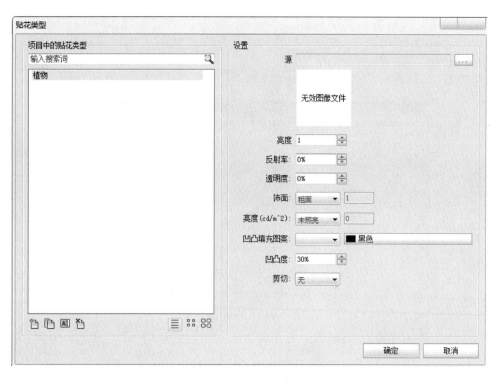

图 6-7　贴花编辑框

（如图 6-8 所示）。

图 6-8　贴花的编辑

2. 贴花的应用

Revit 提供了"放置贴花"选项来完成对贴花的应用。首先，打开"插入"选项面板，在面板中依次选择"贴花"→"放置贴花"（如图 6-9 所示）。

图 6-9　"放置贴花"

单击"放置贴花"后，在属性面板中选择所需要放置的贴花（如图 6-10 所示）。选择好贴花类型后，在打开模型的三维视图模式，将视图调整到需要贴花的位置，将光标移动到所需要放置的位置上，单击并完成放置，放置效果（如图 6-11 所示）。

图 6-10　选择贴花

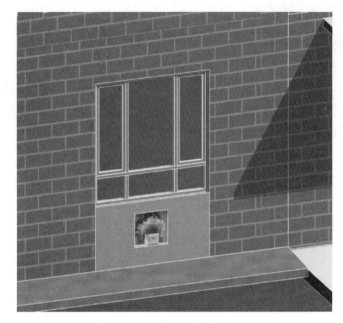

图 6-11　查看放置效果

放置好贴花后，可以单击贴花弹出属性面板框，对贴花的尺寸标识等物理性进行修改，也可以在属性栏内决定是否选择固定宽高比来完成对贴花的修改。如图 6-12 所示为贴花应用后的效果图。

3. 渲染

在"视图"选项卡中单击"三维视图"下拉选项菜单使用"相机"命令创建三维透视图（如图 6-13 所示）。

图 6-12　贴花效果图

图 6-13　"相机"命令创建三维透视图

在平面上定位相机前应先设置好选项栏中的参数（如图 6-14 所示），若不勾选"透视图"，则生成轴测视图；"偏移量"指人的视点相对放置相机基准标高的垂直间距，默认值为一般人体平均高度（一般视点高度）。设置完成后，在平面上放置相机到（如图 6-15 所示）大致位置。

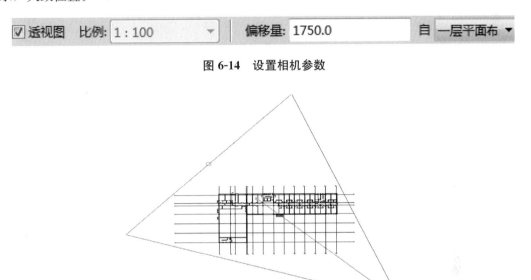

图 6-14　设置相机参数

图 6-15　放置相机

【提示】相机在视图中放置完成后软件自动切换到相机视图，当再次回到平面图时，发现相机没有显示，此时，可在"项目浏览器"中找到生成的相机视图，然后右击选择"显示相机"命令，即可在平面中让相机显示。

进入平面，显示相机（如图 6-16 所示），选中相机"控制视点"并拖动可调整相机的视点位置；通过拖动"目标点"，可调整相机目标点的位置；通过拖动"裁剪点"可调整相机的可视范围。

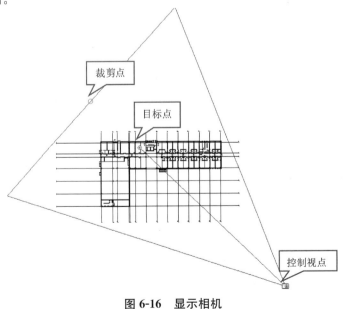

图 6-16　显示相机

　　点击界面顶部"视图"选项卡，在"图形"面板中选择"渲染"命令，弹出"渲染"对话框，渲染参数及用途（如图 6-17 所示），这里我们按如图 6-18 所示设置，点击"渲染"按钮开始对相机视图进行图像的渲染。

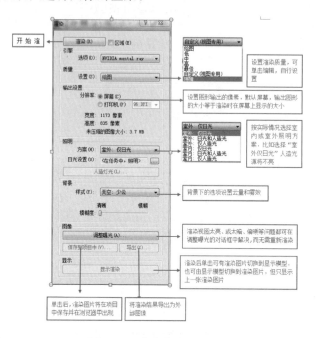

图 6-17　渲染参数及用途

渲染完成点击"渲染"对话框中的"保存到项目"按钮，即可将渲染好的图像保存到

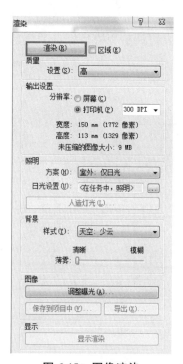

图 6-18　图像渲染

此项目中；点击"导出"按钮即可把渲染完成的图像导出到项目之外。渲染后的图像如图 6-19 所示。

4. 漫游

漫游是在一条漫游路径上，创建多个活动相机，再将每个相机的视图连续播放。因此我们先创建一条路径，然后调节路径上每个相机的视图，Revit 漫游中会自动设置很多关键相机视图即关键帧，通过调节这些关键帧视图来控制漫游动画。

首先创建漫游路径，打开任意 BIM 模型，进入"一层平面布置图"，单击"视图"选项卡"创建"面板中"三维视图"下拉选项中"漫游"命令（如图 6-20 所示），进入漫游路径绘制状态。

将鼠标光标放在入口处开始绘制漫游路径，单击鼠标左键插入一个关键点，隔一段距离插入一个关键点。按图 6-21 所示绘制路径。

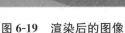

图 6-19 渲染后的图像　　　　　　　图 6-20 "漫游"路径

对所绘制的漫游进行编辑，绘制完路径后单击"修改"面板中"编辑漫游"按钮，进

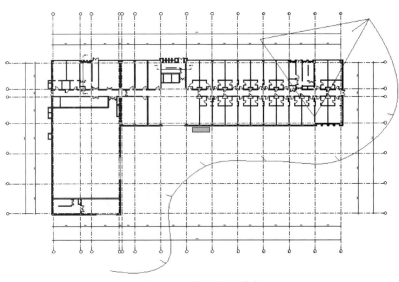

图 6-21 按图绘制路径

入编辑关键帧视图状态。关键帧视图其实就是一个相机视图，我们用调整相机的方法将视图调整为我们需要的样子。在平面视图中我们可以通过点击"上一关键帧"和"下一关键帧"调整相机的视线方向和焦距等。

调整完成单击"编辑漫游"面板中的"打开漫游"命令，进入三维视图调整视角和视图范围。

编辑完所有"关键帧"后在"属性"面板中，单击"其他"中的"漫游帧"命令，打开"漫游帧"对话框（如图 6-22 所示），通过调节"总帧数"等数据来调节创建漫游的快慢，点击"确定"。

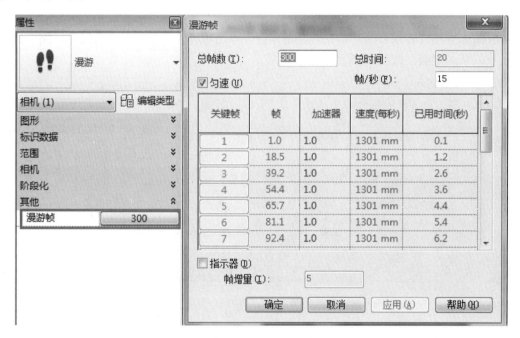

图 6-22　打开"漫游帧"对话框

调整完成后从"项目浏览器"中打开刚创建的"漫游 1"（如图 6-23 所示）。用鼠标选定视图中的视图框，在"修改"面板中选择"编辑漫游"命令，然后点击"漫游"面板内的"播放"命令，开始漫游的播放。

漫游的导出，漫游创建完成后点击"应用程序菜单"→"导出"→"图像和动画"→

图 6-23　漫游播放

"漫游"命令（如图 6-24 所示），弹出"长度/格式"对话框（如图 6-25 所示），点击确定，导出漫游文件。

图 6-24　导出漫游文件

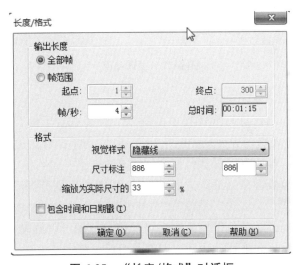

图 6-25　"长度/格式"对话框

6.3 虚拟现实技术

利用虚拟现实技术，可以生成模拟的交互式三维动态视景和仿真实体行为，打造出类似客观环境又超越客观时空，能够沉浸其中又能驾驭其上的自然和谐的人机关系。

在设计阶段 BIM 技术已经很方便地实现了可视化，而与 VR 技术的结合，则把可视化展示到完美。借助虚拟仿真系统，把不能预演的施工过程和方法表现出来，不仅节省了时间和建设投资，还大大增加施工企业的投标竞争力。

BIM 与 VR 的对接基本流程如图 6-26 所示：

图 6-26 BIM 与 VR 的对接基本流程

在设计阶段 VR 可以帮设计师最直接的用途是将设计成果展示给客户，更快更好地诠释自己的意图。下面以杭州万霆科技制作的大楼场景 VR 漫游作为案例进行一下讲解。

1. VR 设备

BIM 模型完成交互性设计之后，需要最近 BIMX 与头戴 3D 显示设备 ZEISS Cinemizer Glassesxa 相结合使人置身其中，呈现的立体效应让人耳目一新（如图 6-27 所示）。

图 6-27 立体交互

2. 案例展示

下面以万霆大楼为例，进行 VR 技术的展示。双手拿着手柄，双击软件图标，戴上 VR 头戴显示设备，进入启动界面（如图 6-28 所示），用手柄点击进入。

进入后我们看到一张放有图纸、台灯、日记本的桌子（如图 6-29 所示）。

用手扣动手柄上扳机键碰触桌子上的"rise"按钮，手柄有振动，桌子上会升起一幢大楼（如图 6-30 所示）。

扣动扳机键，手柄碰触黄色带箭头的弧线，往右挥动可以旋转大楼；向上挥动手柄，大楼分为四个部分展示，向下挥动手柄，四部分组成一幢完整大楼。从下往上依次为地基工程、商铺标准层、住宅标准层、屋面工程（如图 6-31 所示）。

图 6-28　启动界面

图 6-29　黄色 rise 按钮

图 6-30　万霆大楼

图 6-31　大楼结构

手柄碰触圆规图样的按钮，扣动扳机键，大楼的参数信息会显示出来（如图 6-32 所示）。

图 6-32　参数显示

手柄再次碰触圆规图样的按钮，扣动扳机键，大楼的参数信息会隐藏。手柄碰触，大厦切换为模型显示（如图 6-33 所示）。

图 6-33　大楼结构模型

用手柄移动到大楼近前，可以体验大楼入口处的场景（如图 6-34 所示）。

图 6-34　入口坡道

沿蓝色的路径线进入大楼内部，进入大楼后，我们可以乘坐电梯到达负一楼、一楼、八楼、十三楼游览观摩。乘坐电梯时，手柄碰触向上按钮，电梯门打开后进入电梯，手柄碰触十三（如图 6-35 所示），电梯门自动关闭。随后，电梯门打开，到达十三层（如图 6-36 所示），进行楼顶场景的观摩。

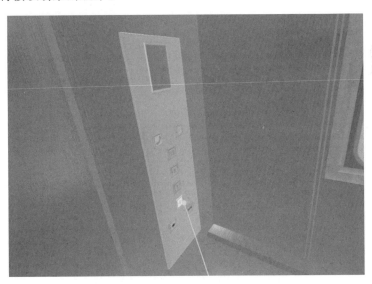

图 6-35　乘坐电梯

总之，"BIM＋VR"将引领建筑业进行一场新的革命，将 BIM 与 VR 技术相结合，使得 BIM 模型将不再枯燥、不再遥不可及。

图 6-36 楼顶场景

第7章 参数族制作

7.1 族的概念

"族"是 Revit 中使用的一个功能强大的概念,有助于使用者轻松地管理数据和进行修改。

族可以是二维族或三维族,但并非所有族都是参数化族。例如,墙、门窗基本都是三维参数化族;卫浴装置有三维族和二维族,在软件中本身携带了一部分,但对于一些特殊的,需要我们自己来创建,可根据项目实际情况进行合理规划三维、二维以及是否需要参数化。

7.2 族的分类

Revit Architecture 的族可以分为以下三类:

系统族:系统族是在 Revit Architecture 中预定义的族,包含基本建筑构件,例如前面几章中讲到的墙、楼板、屋顶、楼梯、坡道等需要在项目中绘制的基本图元,以及标高、轴网、图纸、尺寸标注样式等能够影响项目环境的系统设置图元都属于系统族。

可载入族:与系统族不同,可载入族是在外部 RFA 文件中创建的,并可导入(载入)到项目中。可载入族是用于创建下列构件的族:例如窗、门、橱柜、装置、家具和植物锅炉、热水器、空气处理设备和卫浴装置等装置。

内建族:内建族是创建当前项目专有的独特构件时所创建的独特图元。可以创建内建几何图形,使其在所参照的几何图形发生变化时进行相应大小调整和其他调整。内建族可以是特定项目中的模型构件,也可以是注释构件。只能在当前项目中创建内建族,因此它们仅可用于该项目特定的对象,例如,自定义墙的处理。创建内建族时,可以选择类别,且您使用的类别将决定构件在项目中的外观和显示控制。

7.3 参数族的创建

7.3.1 符号族的创建

1. 打开样板文件

单击应用程序菜单下拉按钮,选择"新建→族"命令,双击打开"注释"文件夹,选择"公制标高标头",单击"打开"。

2. 绘制标高符号

单击"创建"选项卡→"详图"面板→"直线"命令，线的子类别选择标高标头。绘制标高符号，一个等腰三角形。符号的尖端在参照线的交点处（如图 7-1 所示）。

3. 编辑标签

单击"创建"选项卡→"文字"面板→"标签"命令，打开"放置标签"的上下文选项卡。选中"对齐"面板中的"▤"和"▤"按钮（如图 7-2 所示）。

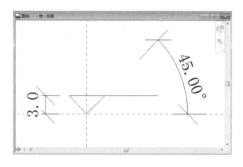

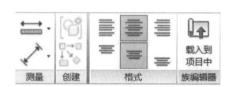

图 7-1　符号的尖端在参照线交点处　　　　　图 7-2　调整格式

单击"属性"面板→"编辑类型"命令（如图 7-3 所示），打开"类型属性"对话框。可以调整文字大小，文字字体，下划线是否显示等。复制新类型 3.5mm，按照制图标准，将文字大小改成 3mm 或者 3.5mm，宽度系数改成 0.7。单击确定（如图 7-4 所示）。

图 7-3　编辑类型　　　　　　　　　　　图 7-4　字体属性设置

4. 将标签添加到标高标记

单击参照平面的交点,以此来确定标签的位置,弹出"编辑标签"对话框,在"类别参数"下,选择"立面",单击" 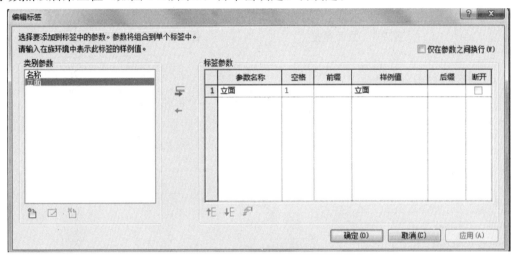 "按钮,将"立面"参数添加到标签,单击确定(如图 7-5 所示)。可以在样例值栏里写上你想使用的名称,比如"1"等,编辑参数样例值的单位格式,点击 ,出现对话框,按照制图标准,标高数字应以米为单位,注写到小数点以后第三位(如图 7-6 所示),再单击确定,再确定。

图 7-5 添加立面参数

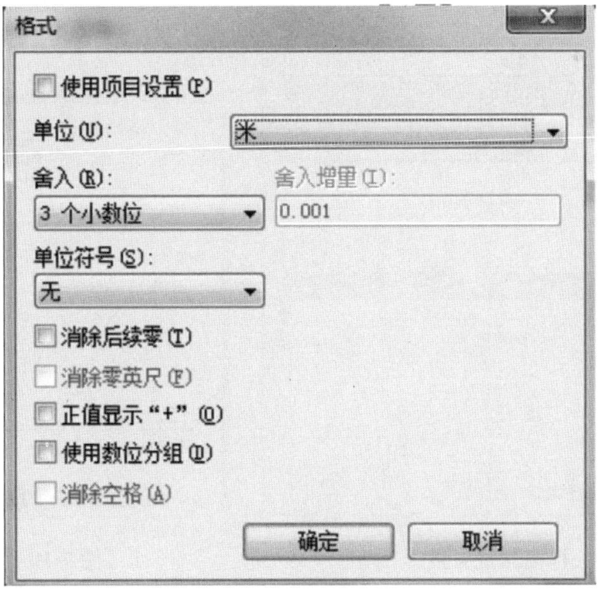

图 7-6 标高设置

立面标签的位置应注写在标高符号的左侧或右侧(如图 7-7 所示)。

继续添加名称到标签栏。将立面和名称的标签类型都改成 3.5mm。将样板中自带的多余的线条和注意事项删掉,结果只留标高符号和标签(如图 7-8 所示)。

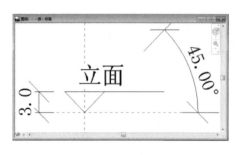

图 7-7　立面标签　　　　　　　　　图 7-8　标高符号和标签

5. 载入项目中进行测试

进入项目里的东立面视图，单击"创建"选项卡→"基准"面板→"标高"命令，单击"属性"面板→"编辑类型"命令，弹出类型属性对话框（如图 7-9 所示），调整类型参数，在符号栏里使用刚载入进去的符号，如图所示。单击确定，绘制标高（如图 7-10 所示），测试成功。

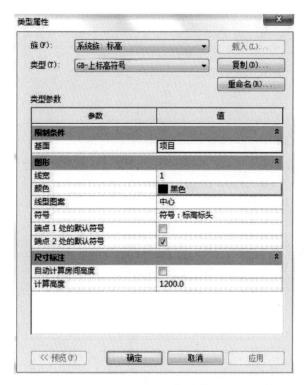

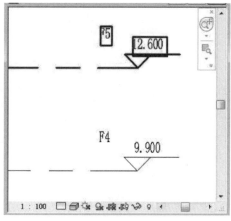

图 7-9　标高属性设置　　　　　　　图 7-10　绘制标高

6. 保存文件为"符号－标高标头"

7.3.2　门族的创建

下面以一个双开门族为例，介绍具体创建过程（如图 7-11 所示）。

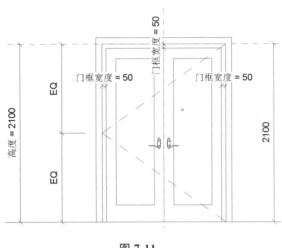

图 7-11

1. 族样本文件的设置

单击应用程序菜单下拉按钮，选择"新建"→"族"命令（如图 7-12 所示）。

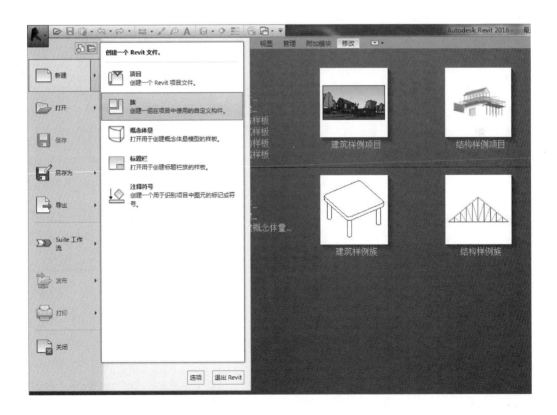

图 7-12　"族"命令

弹出"新族—选择样板文件"对话框，选择"公制门"选项，单击"打开"按钮（如

图 7-13 所示）。

图 7-13 "打开"样板文件

2. 定义参照平面与内墙的参数，以控制门在墙体中的位置

选择"创建"选项卡→"基准"面板→"参照平面"命令。绘制水平参照平面，距离中心线为"25"（如图 7-14 所示），在新建的参照平面的"属性"对话框中将新建的参照平面命名为"新中心"（如图 7-15 所示）。

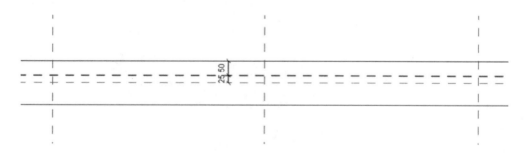

图 7-14 绘制水平参照平面

注：单击参照平面，在"属性"对话框中"名称"一栏可以输入或者修改参照平面的名称，在设置参照平面中可以快速的选取。但是为了减少使用者的工作量，仅仅对于重要的参照平面的名称进行自定义。

选择"注释"选项卡→"尺寸标注"面板→"对齐"命令，为参照平面"新中心"与中心线距离为 25，与内墙距离为 50（如图 7-16 所示）。

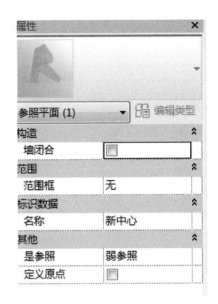

图 7-15　参照文件命名

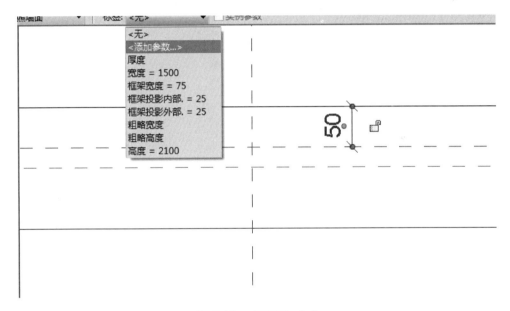

图 7-16　"对齐"命令

单击尺寸 50，选项栏被激活，在"标签"下拉列单中选择"添加参数"（如图 7-17 所示）。弹出"参数属性"对话框，在"参数类型中"选择"族参数"，在"参数数据"下的"名称"下输入"窗户中心距内墙距离"，并设置其"参数分组方式"为"尺寸标注"，选择"实例"，点击按钮"确定"，以完成参数的添加。可调节距离以验证参数添加是否正确。

注：将参数设置为"实例"参数，能够分别控制同一类窗在结构厚度不同的墙中的位置。

在"项目浏览器"中单击"楼层平面"→"参照标高"，进入平面视图，对"宽度"即"门宽"修改为 1500（如图 7-18 所示）。在"项目浏览器"单击"立面"→"内部"，双击尺寸标注"高度"即"门高"修改为 2100（如图 7-19 所示）。门洞尺寸修改完成。

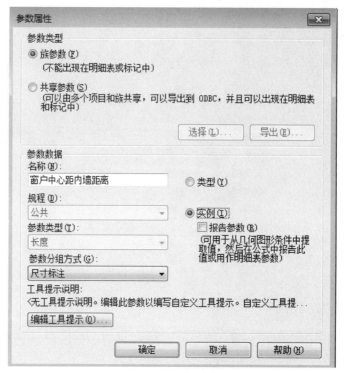

图 7-17　添加参数

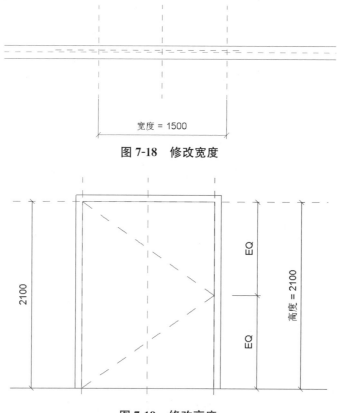

图 7-18　修改宽度

图 7-19　修改高度

3. 设置工作平面

选择"创建"选项卡→"工作平面"面板→"设置"命令，弹出"工作平面对话框"。在"指定新的工作平面下"选择"名称"按钮，并在其右侧下拉菜单中选择"新中心"（如图 7-20 所示），点击确定，弹出"转到视图"对话框。选择"立面：外部"（ 如图 7-21 所示），点击打开视图。

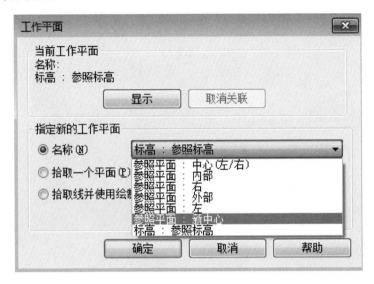

图 7-20　选择"新中心"

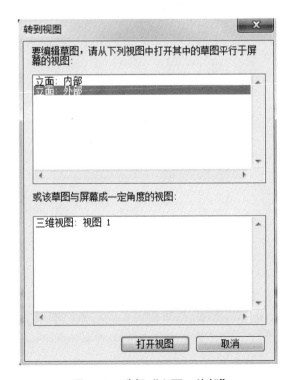

图 7-21　选择"立面：外部"

4. 创建实心拉伸

选择"创建"选项卡→"形状"面板→"拉伸"命令，选择"绘制"面板中的 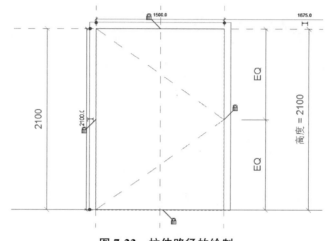 按钮，绘制矩形框轮廓，并且与相关参照平面进行锁定，单击"模式"面板上的 ✔ 按钮，完成拉伸路径的绘制（如图 7-22 所示）。

图 7-22　拉伸路径的绘制

重复使用上述"拉伸"命令，并在选项栏中设置偏移量为－50，利用修剪命令编辑轮廓，完成（如图 7-23 所示）的轮廓绘制与编辑。

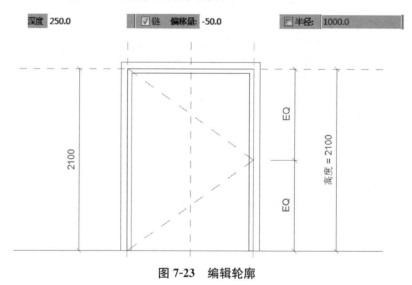

图 7-23　编辑轮廓

5. 添加门框厚度参数并进行测试

此时，现在的门框宽度是一个 50 的定值，并没有为门框添加参数，可以参照步骤 2 定义参照平面与内墙的参数的方式为窗框添加宽度参数（如图 7-24 所示），方法与添加"窗户中心距内墙距离"参数相同。

在属性面板上设置拉伸起点，终点分别为－100，50，并添加门框材质参数，完成拉伸，具体内容如图 7-25 所示。

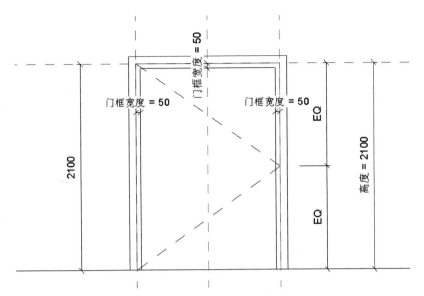

图 7-24　为窗框添加宽度参数

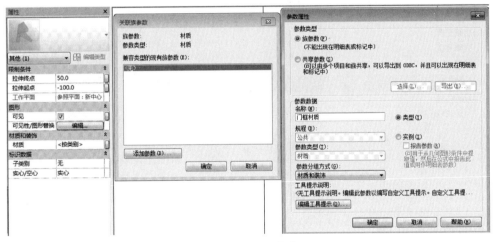

图 7-25　完成拉伸

选择进入"参照平面视图"（如图 7-26 所示），对其门框宽度尺寸进行测试。

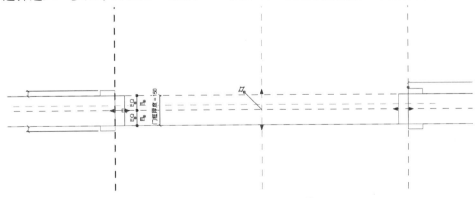

图 7-26　"参照平面视图"

选择"创建"面板→"属性"面板→"族类型"工具，测试高度，宽度，门框宽度和窗户中心距内墙距离参数值，点击确定（如图 7-27 所示）。完成后将文件保存为"平开门.rfa"。

图 7-27　测试参数值

6. 创建平开门门扇

单击"应用菜单栏"下拉列表框中"打开一族"选项，选择已保存的"平开门.rfa"，单击"确定"按钮；或者双击"平开门.rfa"，打开"平开门"族文件。

选择"项目浏览器"中"立面"→"内部"命令，进入立面视图。选择"创建"选项卡→"形状"面板→"拉伸"命令，单击"绘制"面板中的 按钮绘制矩形框轮廓，并将四边进行锁定（如图 7-28 所示）。

重复使用上述"拉伸"命令，并在选项栏中设置偏移值为－120，将底部间距调整为200（为了方便调整，也可以画一个距离底部为 200 的参照平面）（如图 7-29 所示）。

在属性面板上设置拉伸起点，终点分别为－25，25，并添加门扇材质参数，单击"模式"面板上的 按钮，完成拉伸。

【注意】此时并没有为门扇添加门扇参数，现在的门扇宽度是一个 50 的定值，可以通过标注尺寸添加参数的方式为门扇添加宽度参数，方法与添加"窗户中心距内墙距离"参数相同。

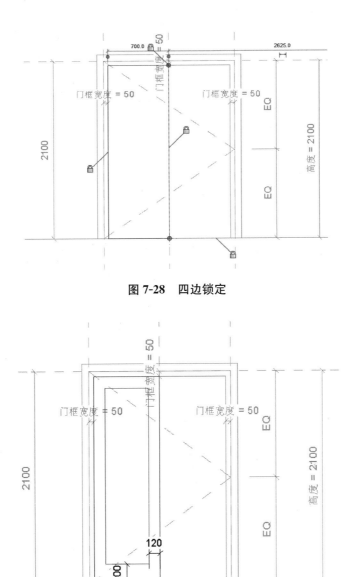

图 7-28　四边锁定

图 7-29　重复："拉伸"命令

7. 创建门扇嵌板

切换至"外部"立面视图，添加四条参照平面，分别与门扇内侧左右上侧距离为 120，与下侧距离为 200（如图 7-30 所示）。

选择"创建"选项卡→"形状"面板→"拉伸"命令，单击"绘制"面板中 ▢ 按钮，绘制矩形框轮廓与门框内边四边锁定。重复使用上述"拉伸"命令，并在选项栏中设置偏移值为－16（如图 7-31 所示）。

为了对门扇内部进行分割，在"外部"立面视图中继续绘制参照平面，其间距如图 7-32所示。

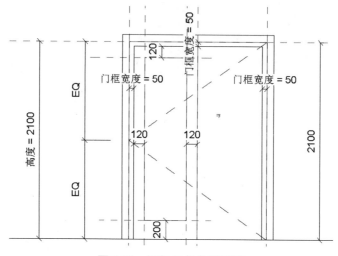

图 7-30   添加四条参照平面

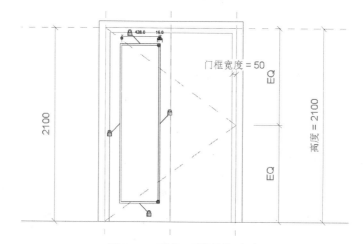

图 7-31   重复: "拉伸" 命令

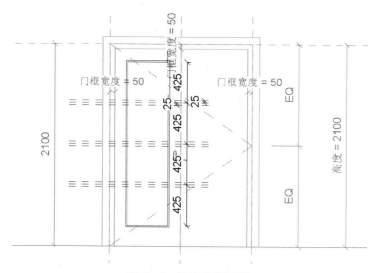

图 7-32   绘制参照平面

继续选择"创建"选项卡→"形状"面板→"拉伸"命令，单击"绘制"面板中 🔲 按钮，绘制内部框轮廓，并利用修剪命令编辑其轮廓（如图 7-33 所示）。

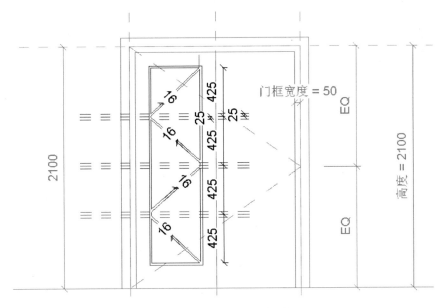

图 7-33　绘制内部框轮廓

在属性面板上设置拉伸起点，终点分别为－20，20，并添加门扇嵌板材质参数，单击"模式"面板上的 ✔ 按钮，完成拉伸。

8. 创建玻璃嵌板

选择"创建"选项卡→"形状"面板→"拉伸"命令，单击"绘制"面板中 🔲 按钮，绘制矩形框轮廓与门框内边四边锁定（如图 7-34 所示）。

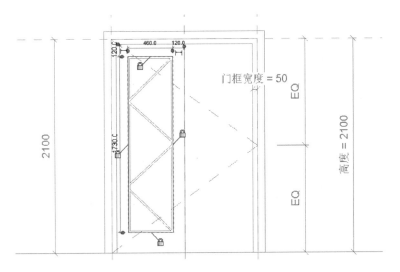

图 7-34　绘制矩形框轮廓与门框内边四边锁定

【注意】保证此时的工作平面为参考平面"新中心"。

设置玻璃的拉伸终点为−25，拉伸起点−20，设置玻璃的可见性/图形替换，添加玻璃材质（如图 7-35 所示），单击"模式"面板上的✔按钮，完成拉伸。

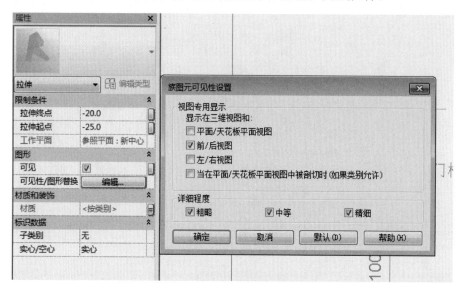

图 7-35　完成拉伸

9. 创建把手嵌套族

选择"插入"选项卡→"在库中载入"面板→"载入族"命令。载入门构件"门锁"（如图 7-36 所示）。

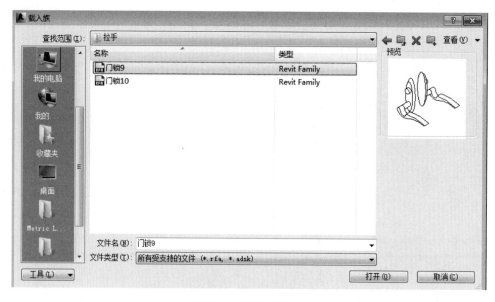

图 7-36　载入门构件

进入"参照标高平面"，选择"建筑"选项卡→"模型"面板→"构件"命令，放置门锁，并设置偏移量为 900（如图 7-37 所示）。

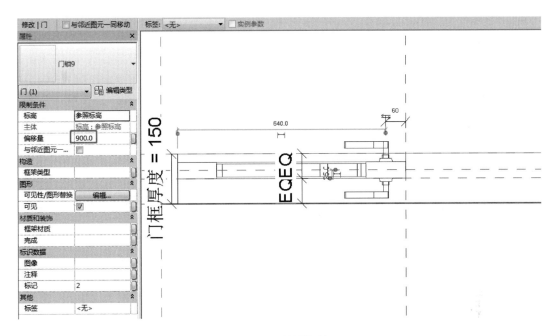

图 7-37　放置门锁

重复以上步骤，完成右侧门扇、玻璃的嵌板的绘制。

10. 设置平开门的二维表达

进入"参照标高平面"，单击尺寸，新建参数"门扇宽度"，并进行关联。在参数"门扇宽度"公式栏内输入 700，用于定义圆弧开启线半径。

单击"注释"选项卡→"详图"面板下的→"符号线"命令，在"子类别"面板中，下拉倒三角，选择"平面打开方向【截面】"（如图 7-38 所示）。选择绘制面板中的 弧线命令，进行平开门的开启方向绘制（如图 7-39 所示）。

图 7-38　选择"平面打开方向【截面】"

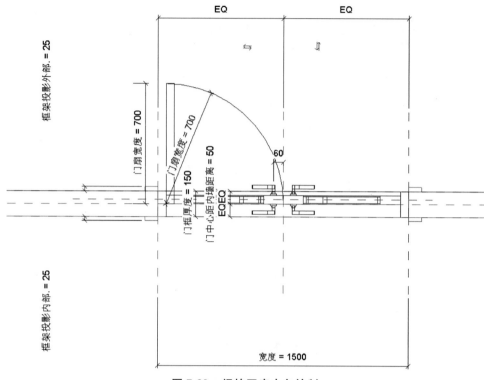

图 7-39　门的开启方向绘制

对一侧平开门开启方向进行镜像，完成平面表达（如图 7-40 所示）。完成后继续将文件保存为"平开门.rfa"。

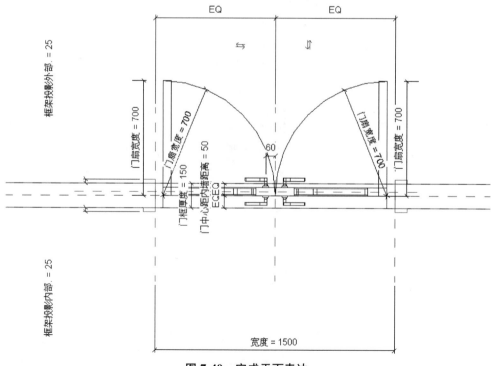

图 7-40　完成平面表达

7.3.3 飘窗族的创建

1. 选择族样板

启动 Revit 软件，单击软件界面左上角的"应用程序菜单"按钮，在弹出的下拉菜单中依次单击"新建"→"族"（如图 7-41 所示），在弹出的"新族—选择样板文件"对话框中选择"公制窗 .rft"，单击"打开"。

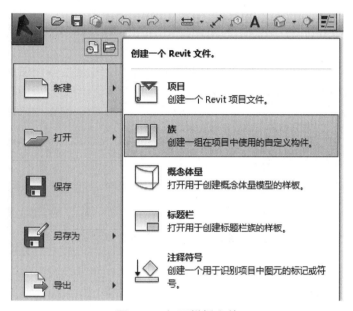

图 7-41　打开样板文件

2. 添加参照平面

在"项目浏览器"下的"立面"下选择"外部"（如图 7-42 所示）。

绘制参照平面（如图 7-43 所示）。使用"修改"选项卡下"尺寸标注"面板的"对齐"命令给参照平面添加尺寸，修改数值为 60（如图 7-44 所示）。

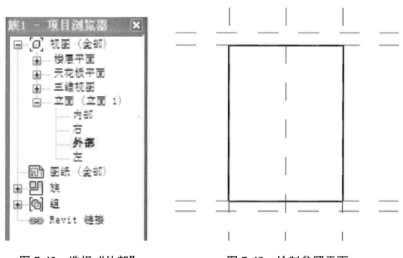

图 7-42　选择"外部"　　　　**图 7-43　绘制参照平面**

图 7-44　参照平面添加尺寸

3. 添加参数

选择尺寸标注，（如图 7-45 所示）选择选项栏中的"标签"→"添加参数"，在弹出的对话框中命名名称为"板厚"，单击确定。

图 7-45　"标签"命名

4. 创建洞口

方法一：使用"创建"选项卡"形状"面板中的"空心"工具下的"拉伸"命令，依照参照平面尺寸绘制图形，并与四边上相交的参照平面锁定（如图 7-46 所示），单击"完成拉伸"，退出绘制状态。

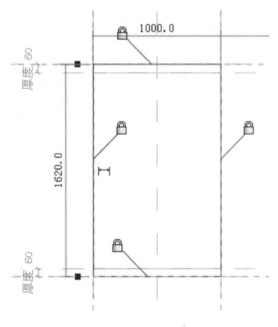

图 7-46　创建洞口

选择"左"（或右）立面，使绘制的图形与内外墙相交并锁定。点击，在三维视图上，先删除"洞口截面"，然后单击"修改"选项卡下"剪辑几何形体"面板中的"剪切"工具的上半部分（或单击"剪切"工具的下拉菜单，选择"剪切几何形体"命令），用鼠标分别单击墙体和由拉伸得出的形体（点击不分先后，效果是一样的）。

【注意】如果不删除"洞口截面"就对墙体使用"剪切几何形体"命令，会提出警告"族不能在同一主体中既有洞口又具有剪切"。

方法二：删除原有洞口，直接使用洞口命令在需要洞口的地方绘制洞口。

5. 添加出挑宽度及外飘宽度参数，绘制飘窗板

回到"立面"下"上部"，在竖直方向上添加参照平面，为参照平面添加参数，参数名称为"出挑宽度"，宽度值为 120。使用"创建"选项卡下"形状"面板中的"实心"工具下的"拉伸"命令绘制形体（如图 7-47 所示）。

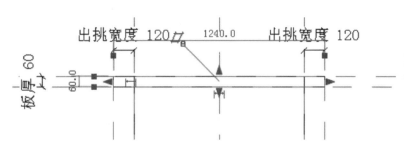

图 7-47　绘制形体

【注意】在"立面"下的"外部"，软件默认的工作平面为外墙表面。

在"左"立面上添加参照平面，为参照平面添加尺寸标注，选择尺寸，添加参数，参数名称为"外飘宽度"，宽度值为 500（宽度是参照平面到外墙的距离），移动拉伸所得形体，使之与内墙和参照平面对齐并锁定（如图 7-48 所示），所得即为上飘窗板，用同样的方法绘制下飘窗板，进入三维视图（如图 7-49 所示）。

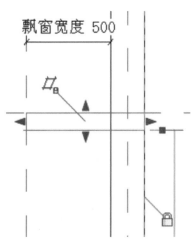

图 7-48　内墙和参照平面对齐

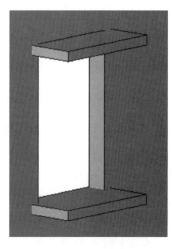

图 7-49　三维视图

6. 删除墙体与飘窗板的重叠部分（否则平面显示将会出现问题）

展开"项目浏览器"下的"楼层平面"，双击"参照标高"或右键打开。使用"创建"选项卡下"空心"工具中下"拉伸"命令，绘制并锁定（如图 7-50 所示）。

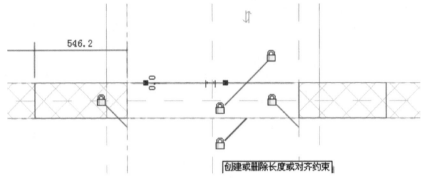

图 7-50　绘制并锁定

在"立面"下"外部"，调整拉伸所得形体在立面上的位置并与参照平面锁定（如图 7-51所示）。

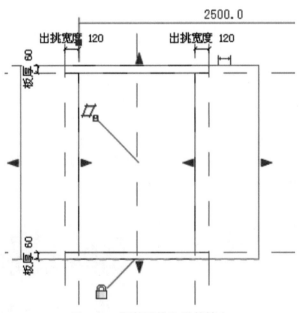

图 7-51　调整形体位置并锁定

单击"修改"选项卡下"剪辑几何形体"面板中的"剪切"命令的上半部分（或单击"剪切"工具的下拉菜单 ▼ ，选择"剪切几何形体"命令），用鼠标分别单击空心拉伸形体与飘窗板，删除重叠部分。

7. 添加玻璃安装宽度和绘制玻璃

展开"项目浏览器"下的"楼层平面"，双击"参照标高"或右键打开。添加参照平面，为参照平面添加尺寸，修改数值为 60，选择尺寸，添加参数，定义参数名称为"玻璃安装宽度"（如图 7-52 所示）。

【注意】数值也可以在类型对话框中修改。

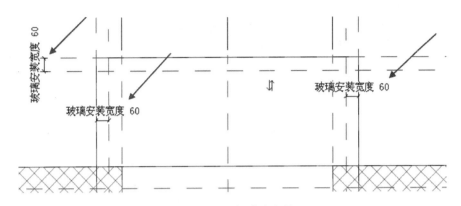

图 7-52 添加玻璃参数

使用"创建"选项卡下"形状"面板中"实心"工具下"拉伸"命令，设置"偏移量"为 3，绘制玻璃的一边。使用"编辑"面板中的"偏移"工具，设置偏移值为 6（玻璃的厚度），绘制玻璃的另一边，并使用直线工具使之闭合（如图 7-53 所示）。

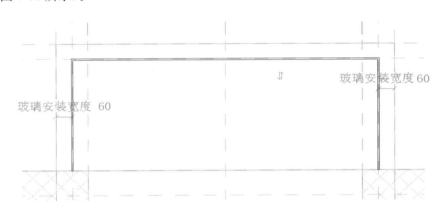

图 7-53 闭合"玻璃"

完成绘制，然后在"立面"下"外部"调整玻璃的位置。使之与上飘窗板的下表面对齐并锁定，与下飘窗板的上表面对齐并锁定（如图 7-54 所示）。在"类型"对话框中修改窗户的相关参数，测试其关联性。

【注意】使用这种偏移的命令绘制线的方法存在弱约束关系，所以在修改窗户的相关参数时，他们会有关联性。

8. 为玻璃和飘窗板添加材质

点击玻璃，单击"图元属性"在弹出的对话框中把材质设置为"玻璃"，确定（如图 7-55 所示）。

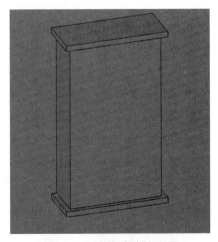

图 7-54 调整玻璃的位置

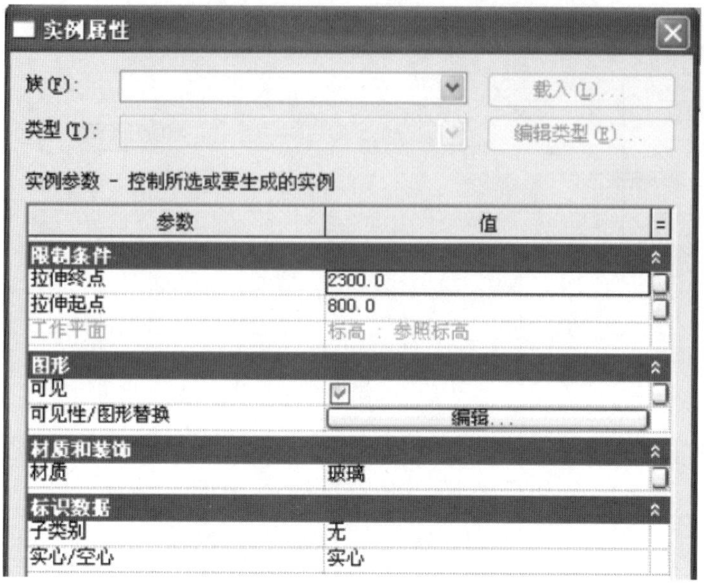

图 7-55 "图元属性"设置

在设置飘窗板材质时，因为材质中无飘窗板材质，所以需要自己定义，打开材质对话框，点击左下角的"复制" 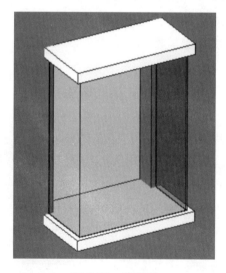 ，复制一种材质，名称改为"飘窗板材质"，在"图形"选项卡下，把"着色"改为白色。在"渲染外观"选项卡下，把"渲染外观基于"设置为"亚麻白粗面油漆"，两次确定，退出材质设置效果如图 7-56 所示。

图 7-56　效果图

9. 绘制窗框

展开"项目浏览器"下的"楼层平面"，双击"参照标高"或右键打开。使用"创建"选项卡下"形状"面板中"实心"工具的"拉伸"命令，设置"偏移量"为 30，绘制窗框的一边。使用"编辑"面板中的"偏移"工具，设置偏移值为 60（窗框的宽度），绘制窗框的另一边，并使用直线工具使之闭合（如图 7-57 所示）。

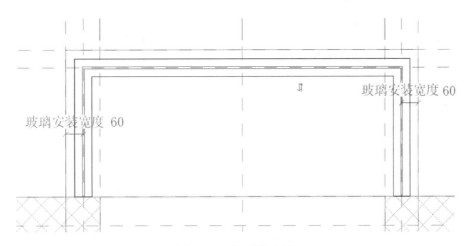

图 7-57　"窗框"闭合

为定义窗框宽度添加参照平面，并于窗框边线锁定。选择参照平面，添加尺寸，选择尺寸，添加参数，参数名称为"窗框宽度"，数值为 60，在添加尺寸的时候，添加 EQ 参数，使参数始终以中心线变化（如图 7-58 所示）。

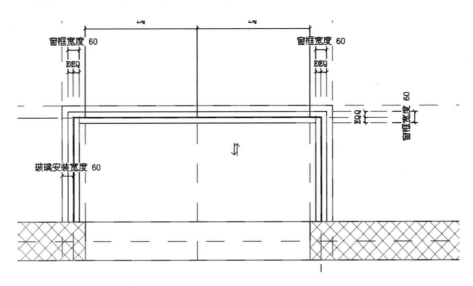

图 7-58　"窗框宽度"设置

添加窗框高、横挺高参数：

回到"立面"下"外部"，添加参照平面，选择参照平面，添加尺寸，选择尺寸，添加参数，参数名称为"窗框高""横挺高"，数值为 60。

在立面上将绘制好的下窗框分别与下面的窗框高的参照平面、窗台参照平面相交并锁定。复制下窗框分别到横挺、上窗框处，制作横挺与上窗框。记住一定要使复制的窗框与所关联的参照平面锁定（如图 7-59 所示）。

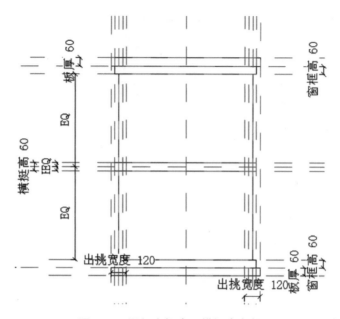

图 7-59　添加窗框高、横挺高参数

10. 绘制竖挺

展开"项目浏览器"下的"楼层平面"，双击"参照标高"或右键打开。添加中竖挺宽度、靠墙竖挺宽度的参照平面，为方便控制中竖挺宽度，为中竖挺添加尺寸标注并定义参数，参数名称为"竖挺宽"。使用"创建"选项卡下"形状"面板中"实心"工具中的"拉伸"命令一次性绘制出五个竖挺，在绘制过程中要使绘制的竖挺逐一与其相关联的参照平面锁定（如图 7-60 所示）。

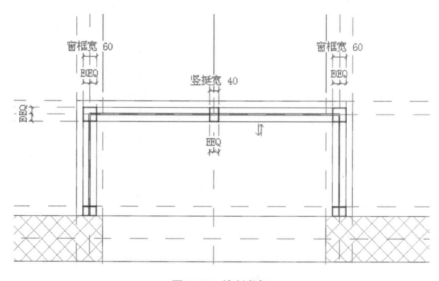

图 7-60　绘制竖挺

然后在立面上调整横挺的位置，使其外边向内移动 10mm，效果如图 7-61 所示。

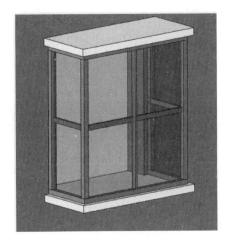

图 7-61　效果图

这样外飘窗的形体就出来了，可通过修改飘窗的各个属性值来测试窗户各构件间的相关性。

11. 添加窗框材质参数

选择窗框，单击"修改 拉伸"上下文选项卡下"图元"面板中的"图元属性"工具，在弹出的"实例属性"对话框中，单击材质一栏后的小正方形，在弹出的对话框中点击"添加参数"，在弹出的"参数属性"话框中定义参数名称为窗框材质，两次确定，退出材质设置（如图 7-62 所示）。

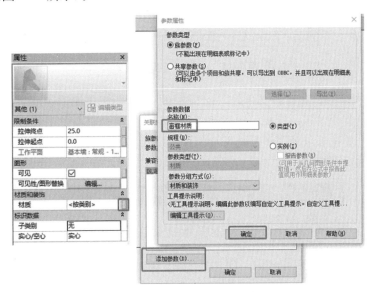

图 7-62　窗框材质设置

然后单击"族属性"面板中的"类型"工具，把刚刚设置的窗框材质设置为"塑钢材质"，因为原有的材质库中没有塑钢材质，所以可以复制一种材质，修改名称为"塑钢材质"并修改其"着色"与"渲染外观"，着色为白色，渲染外观改为"金属"，三次确定。退出材质设置。

12. 飘窗的平面表达

展开"项目浏览器"下的"楼层平面 ",双击"参照标高"或右键打开。选择构件，如窗框、玻璃、飘窗板。然后单击"修改 拉伸"选项卡下的"模式"面板中的"可见性设置"工具（如图 7-63 所示）。

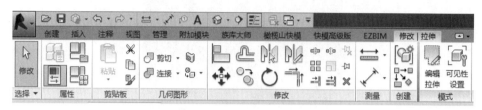

图 7-63　选择"可见性设置"

在弹出的对话框中，去选"平面/天花板平面视图 "，当在平面/天花板平面视图中被剖切时（如果类别许可）选"左/右视图"项，确定（如图 7-64 所示）。

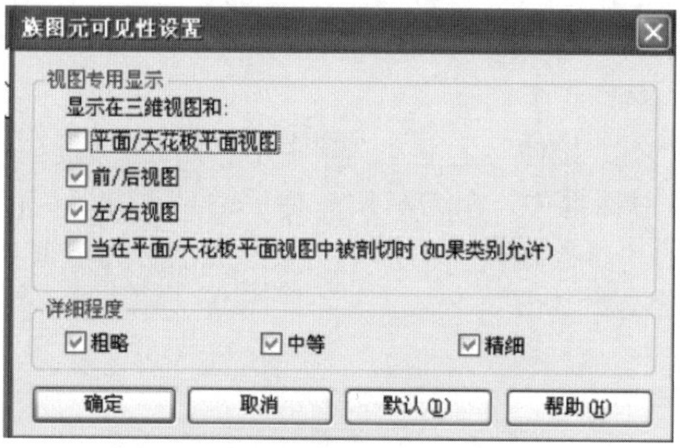

图 7-64　族图元可见性设置

然后用"详图"选项卡下"详图"面板中的"符号线 "命令，设置"线样式 "为"窗【截面】"绘制飘窗板、窗框的边界线。绘制完成后，选择全部的符号线，单击自动出现的"修改线"的选项卡下"可见性"面板中的"可见性设置"工具。在弹出的"族图元可见性设置"的对话框中勾选"仅当实例被剖切时显示"，单击确定（如图 7-65 所示）。

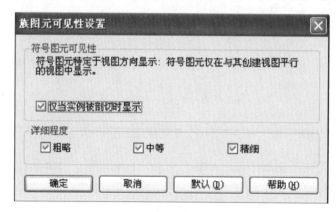

图 7-65　详图中族图元可见性设置

13. 飘窗的高窗显示

点击"管理"选项卡下"族设置"面板中"设置"工具的下拉菜单，选择"对象样式"命令（如图 7-66 所示）。

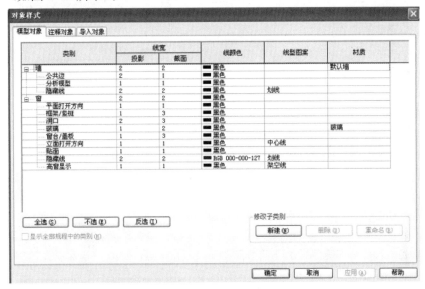

图 7-66　"对象样式"设置

确认显示是"模型对象"选项卡，单击"新建"，在弹出的对话框中，修改名称为"高窗显示"，"子类别属于"栏修改为"窗"，单击确定（如图 7-67 所示）。

把高窗显示的"线性图案"改为"架空线"，单击确定。退出对象样式的设置。

使用"详图"选项卡下"详图"面板中的"符号线"命令，设置"线样式"为"高窗显示【截面】"绘制飘窗板、窗框的边界线（在绘制时也可以使用"拾取线"命令进行绘制）。

14. 飘窗的立面表达

通过开启线的可见性设置实现平开窗与推拉窗的不同立面表达。

切换到"立面"下"外部"，用符号线如图 7-68 所示绘制。

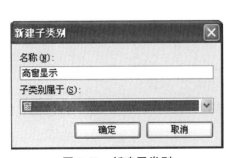

图 7-67　新建子类别

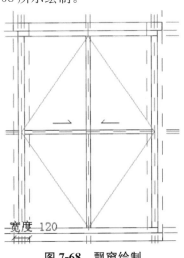

图 7-68　飘窗绘制

单击"族属性"的"类型"工具，在弹出的"族类型"对话框中单击"添加"来添加参数"推拉窗可见"与"平开窗可见"，类型是"是/否"，单击确定（如图 7-69 所示）。

图 7-69　添加参数

选择在推拉窗时需显示的符号线，单击弹出的"修改线"选项卡下"图元"面板中的"实例属性"工具，在弹出的对话框中，单击"可见"栏最后的小方框，在弹出的对话框中，选择"推拉窗可见"，两次确定（如图 7-70 所示）。

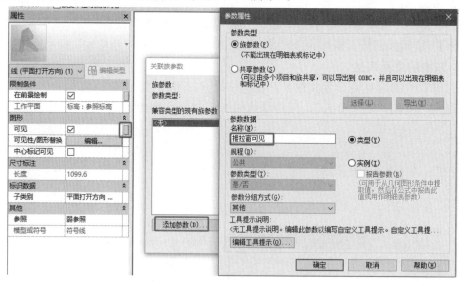

图 7-70　"实例属性"设置

用同样的方法设置平开窗的立面表达设置。

15. 剖面处理

侧剖面上不需要进行特殊的处理（如图 7-71 所示）。

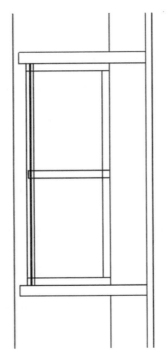

图 7-71　剖面处理

16. 为飘窗族添加类型

单击"族属性"面板中的"类型"工具，在弹出的"族类型"选项卡中单击"族类型"下的"新建"新建一个类型（如图 7-72 所示），填写名称为"TLC 0215"确定，选"平开窗可见"，勾选"推拉窗可见"，确定。再单击"新建"，新建另一个类型，填写名称为"PKC0215"确定，选"推拉窗可见"，勾选"平开窗可见"，确定。这样就新建了两个类型。还可以新建更多的类型，主要是视自己的需要而定。

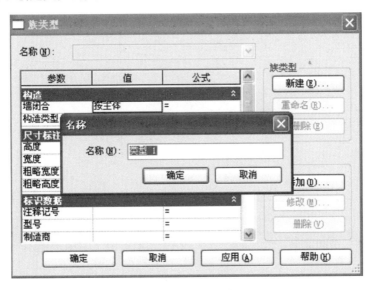

图 7-72　新建飘窗类型

将飘窗族载入到项目中，选中飘窗，单击"修改窗"选项卡下"图元"面板中的"图元属性"工具，在弹出的"实例类型"对话框中"类型"选项栏中就出现了"TLC 0215"与"PKC0214"两个类型，这时您就可以选用自己需要的类型（如图 7-73 所示）。

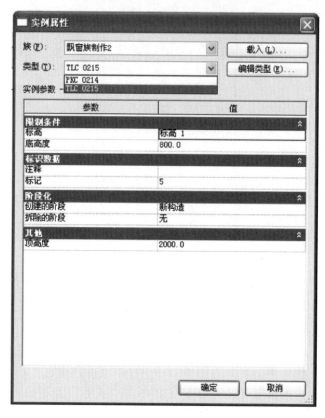

图 7-73　飘窗族载入

参 考 文 献

［1］ 李延龄. 建筑设计原理［M］. 北京：中国建筑工业出版社，2011.

［2］ 艾学明. 公共建筑设计原理［M］. 南京：东南大学出版社，2017.

［3］ 许秦. BIM 应用设计［M］. 上海：同济大学出版社，2016.

［4］ 张伶伶，孟浩. 场地设计［M］. 北京：中国建筑工业出版社，1999.